彩图1　同薯23号

彩图2　晋薯16号

彩图3　同薯28号

彩图4　晋薯23号

彩图5　晋早1号

彩图6　大同里外黄

彩图7　黑美人

彩图8　黑金刚

彩图9　机械化高垄密植（一）

彩图10　机械化高垄密植（二）

彩图11　马铃薯—玉米间作套种

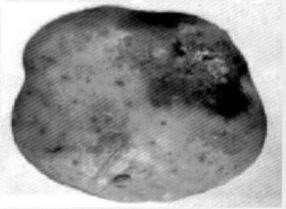

彩图12　晚疫病（一）

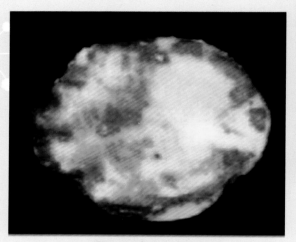

彩图13　晚疫病（二）

彩图14　晚疫病（三）

彩图15　早疫病

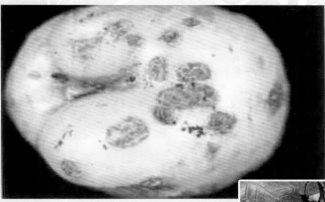

彩图16 疮痂病

彩图17 枯萎病

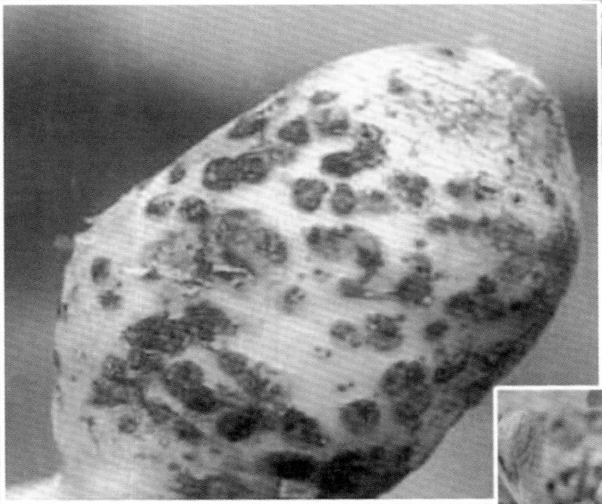

彩图18 粉痂病

彩图19 黑胫病

彩图20　青枯病

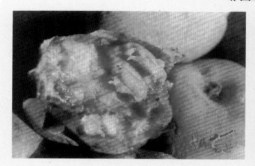
彩图21　软腐病

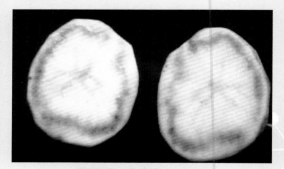
彩图22　环腐病

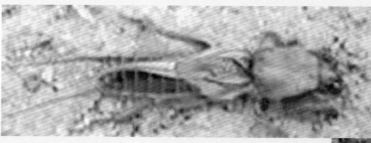
彩图23　蝼蛄

彩图24　蛴螬

彩图25 金针虫

彩图26 地老虎

彩图27 蚜虫

彩图28 二十八星瓢虫

彩图29　机械化收获

彩图30　收获前秧蔓处理

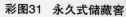

彩图31　永久式储藏窖

彩图32　现代化储藏窖

一本书明白

马铃薯
高产栽培与
机械化收获技术

本书主要介绍了马铃薯的优良品种、良种繁育、脱毒技术、高效高产栽培技术、病虫害防治技术、机械化收获技术、储藏管理等内容。

王春珍 主编

山东科学技术出版社 山西科学技术出版社 中原农民出版社
江西科学技术出版社 安徽科学技术出版社 河北科学技术出版社
陕西科学技术出版社 湖北科学技术出版社 湖南科学技术出版社

山西出版传媒集团·山西科学技术出版社 联合出版

图书在版编目（CIP）数据

一本书明白马铃薯高产栽培与机械化收获技术 / 王春珍主编 . — 太原 : 山西科学技术出版社 , 2017.8（2021.8 重印）
ISBN 978-7-5377-5551-1

Ⅰ . ①一… Ⅱ . ①王… Ⅲ . ①马铃薯—栽培技术②马铃薯—收获机具 Ⅳ . ① S532 ② S225.7

中国版本图书馆 CIP 数据核字（2017）第 190227 号

新型职业农民书架·种能出彩系列
一本书明白马铃薯高产栽培与机械化收获技术

出　版　人：阎文凯
主　　　编：王春珍
责 任 编 辑：王保彦
封 面 设 计：吴丹青　薛　莲

出 版 发 行：山西出版传媒集团·山西科学技术出版社
　　　　　　地址：太原市建设南路 21 号　邮编：030012
编辑部电话：0351-4922061
发 行 电 话：0351-4922121
经　　　销：各地新华书店
印　　　刷：山西相敦印业有限公司
网　　　址：www.sxkxjscbs.com
微　　　信：sxkjcbs

开　　　本：787mm×1092mm　1/16　印　张：7.25
字　　　数：109 千字
版　　　次：2017 年 8 月第 1 版　　2021 年 8 月山西第 9 次印刷

书　　　号：ISBN　978-7-5377-5551-1
定　　　价：25.00 元

本社常年法律顾问：王葆柯

如发现印、装质量问题，影响阅读，请与印刷厂联系调换。

编写人员

主　　编：王春珍

副 主 编：岳新丽　李　岩　李荫藩

编写人员：（按姓氏笔画排序）

马大炜　王春珍　王　娟　卢志俊　帅媛媛

杨如达　李荫藩　李燕楼　陈　云　岳新丽

赵晋蓉　郭　芳　姬青云　湛润生　靳建刚

霍辰思

目 录

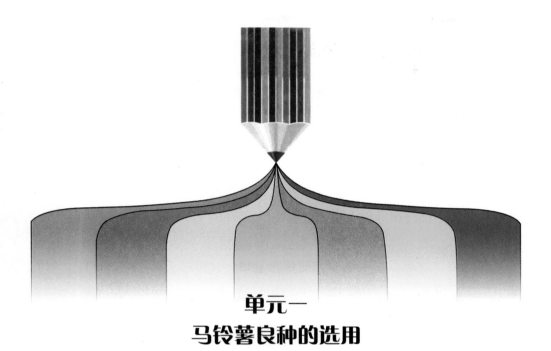

单元一
马铃薯良种的选用

单元提示

1. 了解马铃薯良种的标准
2. 学习如何选用马铃薯良种
3. 掌握马铃薯引种的原则
4. 了解不同马铃薯新品种的特性

一、马铃薯良种的标准

优良品种就是人们所说的好品种。良种的标准：

1. 丰产性强

单株结薯个数适中、块茎大、群体生产能力强等。

2. 抗逆性强

良种抗病虫害、抗旱、抗涝、抗其他自然灾害能力强，在不同气候条件及生长环境中都能很好地生长，适应性广。

3. 品质优良

薯形好、芽眼浅、干物质和淀粉含量高、食用品质佳、商品性好、耐贮藏、能卖好价钱。

4. 其他特殊优点

如极早熟，可以提早上市。不同用途加工专用品质优，如还原糖低非常适合炸薯条、薯片。

二、马铃薯良种的选用

马铃薯良种的选用要根据以下三个方面来确定。

1. 种植目的

种植者可依据市场的需求，决定是种植菜用型马铃薯供应市场，还是种植加工型马铃薯供应加工厂。然后确定选用哪种类型的优良品种。

2. 种植条件

根据当地的自然地理气候条件和生产条件，以及当地的种植习惯和种植方式，来选用不同的优良品种。

例如：在二季作区及有间、套作的地方，要综合考虑下一茬作物的植株高矮繁茂程度是否遮光等问题，可选用早熟、植株较低、分枝少、结薯集中的优良品种。在无霜期较短的北方一季作区，可选用中晚熟品种，以便充分利用光热资源，取得更高产量。如果选用品种不当，如熟期太早不能充分利用光能、热能，产量低且余下的无霜期又不够生长下一茬作物，白白浪费光能、热能资源。

3. 品种特性

根据良种的特性来选用。

例如：在降雨较少、天气干旱的地区可选用抗旱品种；在雨水较多比较湿润的地区可选用耐涝品种；在晚疫病多发地区可选用抗晚疫病品种。

三、马铃薯良种的引种

引种是指不同农业区域，不同省、市、自治区或不同国家，相互引进农作物品种，进行试验种植和大田示范，并把表现高产、抗病、优质的品种直接用于生产。马铃薯是一种适应性很广的作物，引种非常容易成功。但是，每个品种都是在一定的环境条件下培育出来的，只有在与培育环境条件一致或接近时，引种才能获得高产。

马铃薯引种需要掌握如下原则。

1. 气候要相似

在地理位置距离较远的地方，主要看两地的气候条件是否接近。一是指在同一季节两地气候条件相似，二是指在不同季节两地的气候条件相似。

例如：南方的冬季和北方的夏季气候有相似之处，气温特别接近，雨量也相差不多，北方的品种可以引入南方进行冬种，由于气候相似，这样引种非常容易获得成功。

2. 要满足光和温度的要求

马铃薯是喜光并对光敏感的作物。把它由长日照地方引种到短日照地方，它往往不开花，但对地下块茎的生长影响不是太大；而短日照品种引种到长日照地方后，可能只长植株而不结薯。

> 提示：温度与马铃薯生长关系极大。特别是在结薯期，如果土温超过了25℃，块茎就会停止生长。因此，引种时必须注意品种的生育期长短。

3. 要掌握由高到低的原则

由高海拔向低海拔、高纬度向低纬度引种，容易成功。其原因是在高海拔、高纬度地方种植的马铃薯病毒感染轻、退化轻，引到低海拔、低纬度地方种植一般表现较好，成功率高。

4. 要按照试验、示范、推广的顺序进行

同一气候类型区内，在距离较近的地方引进品种，一般可以直接使用，不会出现大问题。但气候类型区不一样、距离较远的地方，引进的品种必须经过试验和示范才能推广使用。品种引进后，首先要与当地主栽品种进行比较试验，在1~2年的试验中，引进的品种如果在产量、质量和抗病性等方面都优于当地品种，则下一步就可以适当扩大种植面积，进行大田示范，进一步观察了解其在试验阶段的良好表现是否稳定，同时总结相应的种植技术经验。如果大田示范中的表现与试验结果相符，就确定在当地可以进行推广应用。这样做可以防止盲目引进给生产造成损失。当然这个过程要在农作物种子管理部门的监督指导下进行。

5. 要严格植物检疫

引种和调种时，要有对方植物检疫部门开具的病虫害检疫证书，防止引进危险性病、虫、草害，危害生产。

四、主要马铃薯品种介绍

马铃薯的品种分类见图1-1。

（一）鲜食菜用型品种

鲜食菜用品种的具体要求：薯形好，芽眼浅，薯块大。干物质含量中等（15%~17%），高V_c含量（>25毫克/100克鲜薯），粗蛋白含量2.0%以上。炒食和蒸煮风味、口感好，耐贮运。

1. 晋薯11号

品种来源：山西省农业科学院高寒区作物研究所1993年用H319-1作母本，用NT/TBULK作父本，配制杂交组合选育而成。

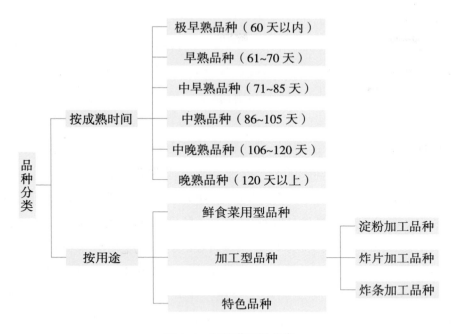

图 1-1 马铃薯品种分类

审定情况: 2001年通过山西省农作物品种审定委员会审定。

审定编号: 晋审薯2001001。

特征特性: 中晚熟种,生育期110天左右,株形直立,分枝少,株高70~100厘米,茎紫色,茎秆粗壮。块茎扁圆形,黄皮淡黄肉,表皮光滑,薯块大而整齐,商品薯率高,耐贮藏。结薯集中,单株结薯一般3~4个,植株高抗晚疫病、环腐病和黑茎病,抗旱耐瘠。经农业部蔬菜品质监督检验测试中心(北京)测定,干物质含量为21%,淀粉含量为15.5%,还原糖含量为0.28%,维生素C含量为17.3毫克/100克鲜薯。

产量表现: 1998—1999年连续两年参加山西省马铃薯区域试验,平均产量为19735.5千克/公顷,比对照晋薯7号增产15.8%。1999年参加山西省马铃薯生产试验,平均产量为16750.5千克/公顷,比对照晋薯7号增产19.3%。

栽培要点: 该品种适应范围广,在山西省不同生态条件和不同地块均可种植。播前施足底肥,最好集中窝施,有灌水条件的地方在现蕾开花期浇水并追肥。栽培密度以60000株/公顷为宜，注意防治束顶病。

适宜地区：适宜山西省一季作马铃薯产区种植。

2. 同薯23号（见彩图1）

品种来源：山西省农业科学院高寒区作物研究所1989年用8029-〔S2-26-13-（3）〕×NS78-4作母本，用荷兰7号作父本，配制杂交组合选育而成。

审定情况：2004年通过国家农作物品种审定委员会审定。

审定编号：国审薯2004003。

特征特性：中晚熟种，出苗至成熟106天左右，植株直立，茎秆粗壮，分枝较少，株高60~80厘米。叶片较大，叶色深绿色，花冠白色，能天然结实。块茎扁圆形，黄皮淡黄肉，芽眼深浅中等，薯皮光滑。根系发达，抗旱耐瘠。薯块大而整齐，耐贮藏。商品薯率达87%左右。植株抗病耐退化，抗PVX、中抗PVY，无环腐病和黑胫病发生，轻度感染晚疫病。经农业部蔬菜品质监督检验测试中心品质分析，干物质含量为22.32%，淀粉含量为17.5%，还原糖含量为0.73%，维生素C含量为10.42毫克/100克鲜薯，粗蛋白含量为2.2%。

产量表现：2002—2003年参加国家马铃薯品种区域试验，块茎平均产量分别为26175千克/公顷和30405千克/公顷，分别比对照紫花白平均增产18.68%和31.27%，居参试品系首位。2003年参加国家马铃薯品种生产试验，块茎平均产量为33465千克/公顷，比对照紫花白平均增产24.8%。商品薯率达87.22%。

栽培要点：一季作区在4月下旬至5月上旬播种为宜，种植密度通常为45000~52500株/公顷，应依地力而定。播种前施足底肥，最好集中窝施，配合施用一定数量的磷、钾复合肥，可显著提高产量和品质，有灌溉条件的地方，在现蕾开花期注意浇水，肥力较低的地块施氮肥可增加产量10%以上。加强田间管理，封垄前高培土。

适宜地区：在山西、内蒙古、河北、陕西北部及东北等我国马铃薯一季作区均可种植。

3. 晋薯14号

品种来源： 山西省农业科学院高寒区作物研究所1996年用9201-59作母本，用JS-7作父本，配制杂交组合选育而成。

审定情况： 2004年通过山西省农作物品种审定委员会审定。

审定编号： 晋审薯2004001。

特征特性： 中晚熟种，生育期110天左右，株形半直立，株高75~95厘米，生长势强，茎秆粗壮，茎粗1.4厘米。叶片肥大，叶色深绿，花冠白色，天然结实少，浆果有种子。块茎圆形，浅黄皮浅黄肉，芽眼深浅中等，匍匐茎短，结薯集中，单株结薯4~6个。蒸食菜食品质兼优，植株抗晚疫病、环腐病和黑茎病，抗旱耐瘠。薯块大而整齐，商品薯率高，适合加工。经农业部蔬菜品质监督检验测试中心（北京）测定，干物质含量为22.8%，淀粉含量为15.9%，还原糖含量为0.46%，维生素C含量为14.9毫克/100克鲜薯。

产量表现： 2001—2002年参加山西省马铃薯品种区域试验，块茎两年平均产量为22741.5千克/公顷，比对照晋薯7号平均增产27.6%。2003年参加山西省马铃薯品种生产试验，块茎平均产量为23115千克/公顷，比对照晋薯7号平均增产16%。

栽培要点： 该品种产量高，结薯较多，在前茬作物收获后应对土壤进行深秋耕，耕前施足农家肥，并进行冬灌水，同时耙糖保墒。播前施足基肥，现蕾至开花期追施尿素，并随后浇水。苗齐后及时锄草松土，松土层不宜太深，防止伤根。适时中耕锄草，现蕾开花期追肥浇水同时进行，田间喷药灭虫灭草，高培土。

适宜地区： 该品种适应范围广，在山西、河北、内蒙古及东北等地一季作区种植。并因地制宜，根据土壤土质及肥力状况适当调整种植密度及施肥水平。

4. 同薯20号

品种来源： 山西省农业科学院高寒区作物研究所用 II-14〔8408-22×（晋薯6号×S.chacoense）〕/NS78-7杂交选育而成。

审定情况： 2005年通过国家农作物品种审定委员会审定。

审定编号： 国审薯2005001。

特征特性：中晚熟种，出苗至成熟110天左右，株形直立，株高70~95厘米，茎秆粗壮，分枝多。叶色深绿，花冠白色，天然结实中等。块茎圆形，黄皮黄肉，薯皮光滑，芽眼深浅中等，结薯集中，单株结薯4.7个。对病毒病具有较高的水平抗性，抗环腐病和黑胫病，植株轻感晚疫病。生长势强，抗旱耐瘠。块茎膨大快，产量潜力大；薯块大而整齐，商品薯率为60.8%~73%，商品性好，耐贮藏。经农业部蔬菜品质监督检验测试中心（北京）品质分析，干物质含量为24.0%，淀粉含量为16.7%，还原糖含量为0.5%，维生素C含量为18.4毫克/100克鲜薯，粗蛋白含量为1.9%。

产量表现：2002—2003年参加全国马铃薯品种区试中晚熟组试验，对照品种华北组"紫花白"、东北组"克新2号"、西北组"陇薯3号"，华北、西北、东北三组两年平均产量为23722.5千克/公顷，比对照平均增产13.6%。2004年参加全国马铃薯品种区域华北、东北组生产试验，两组平均产量为24597.45千克/公顷，比对照增产10.6%。

栽培要点：同薯20号为中晚熟种，一季作区在5月上旬播种为宜，9月下旬至10月上旬收获。播前催芽，种植密度为52500~60000株/公顷。播种前施足底肥，最好集中窝施，配合一定数量的磷钾肥可显著提高产量和品质。加强田间管理，前期以促为主，适时追肥，有灌水条件的地方在膨大期均匀灌溉，避免和减少空心，深中耕分次培土。块茎形成期促下控上，促控结合，浅中耕，高培土，促进薯块膨大和成熟。

适宜地区：山西、内蒙古、河北省北部、陕西北部及东北大部分地区等一季作区均可种植，适宜范围广。

5. 晋薯16号（见彩图2）

品种来源：山西省农业科学院高寒区作物研究所1999年用NL94014作母本，9333-11作父本，配制杂交组合，得到实生种子。经多年所内试验及省区试验表现突出选育而成。

审定情况：2007年通过山西省农作物品种审定委员会审定。

审定编号：晋审薯2007001。

特征特性：中晚熟种，从出苗至成熟110天左右。株形直立，分枝3~6

个，生长势强，植株生长整齐，茎秆粗壮，叶色深绿，叶形细长，复叶较多，花冠白色，天然结实少，浆果有种子。株高95~110厘米。薯形长圆，黄皮白肉，薯皮光滑，芽眼深浅中等，结薯集中，单株结薯4~5个，大中薯率为95%。该品种抗晚疫病、环腐病和黑胫病。经农业部蔬菜品质监督检验测试中心品质分析，块茎干物质含量为22.3%，淀粉含量为16.57%，还原糖含量为0.45%，维生素C含量为12.6毫克/100克鲜薯，粗蛋白含量为2.35%。

产量表现：2004—2005年参加山西省马铃薯品种区域试验，块茎平均产量分别为28336.5千克/公顷和27364.5千克/公顷，比对照晋薯14号平均增产11.5%和23.3%。2006年参加山西省马铃薯品种生产试验，块茎平均产量为24610.5千克/公顷，比对照晋薯14号平均增产10.9%。

栽培要点：播种时间一般在4月下旬至5月上旬。播种前施足底肥，最好集中穴施，种植密度为45000~52500株/公顷。有灌水条件的地方在现蕾开花期浇水施氮肥225~300千克/公顷，可增加产量10%~20%，中期应加强田间管理，及时中耕除草、高培土。

适宜地区：适应范围广，在山西、内蒙古、河北省北部及东北大部分等一季作区均可种植。旱薄、丘陵及平川等地区都可种植。

6. 同薯28号（见彩图3）

品种来源：山西省农业科学院高寒区作物研究所用大西洋作母本，8777作父本杂交选育而成。

审定情况：2012年5月通过山西省农作物品种审定委员会审定。

审定编号：晋审薯2012001。

特征特性：中晚熟种，出苗至成熟110天左右，株形直立，生长势强，株高80厘米，茎绿色带紫色，茎秆粗壮，叶片较大，叶为深绿色。花冠白色，开花繁茂性中等，能天然结实。块茎椭圆形，白皮白肉，薯皮光滑，芽眼深浅中等，结薯集中，块茎大而整齐，单株结薯3~4个，商品薯率85%以上。植株田间抗PVX、中抗PVY，抗晚疫病。经农业部蔬菜品质监督检验测试中心（北京）分析化验，干物质含量为20.7%，淀粉含量为12.8%，还原糖含量为0.38%，维生素C含量为13.8毫克/100克鲜薯，粗蛋白含量为2.1%。

产量表现：2008—2009年参加山西省马铃薯品种区域试验，块茎两年平均产量为20137.5千克/公顷，比对照晋薯14号平均增产17.1%。2010年参加山西省马铃薯中晚熟种生产试验，5个参试点全部增产，块茎平均产量为28032千克/公顷，比对照晋薯14号增产23.6%。

栽培要点：本品种为中晚熟种，一季作区在4月下旬至5月上旬播种为宜，9月下旬至10月上旬收获。在播种前20天将种薯出窖，剔除病、烂薯后，在15~20℃的散射光条件下催成短壮芽，种植密度为45000~52500株/公顷。施足基肥，配合一定数量的磷钾肥可显著提高产量和品质。出苗后加强田间管理，适时追肥，有灌溉条件时注意膨大期均匀灌溉，避免和减少空心，及时除草、中耕、培土。

适宜地区：本品种适宜范围广，稳产性好，在山西、内蒙古、河北、陕西等马铃薯一季作区均可种植。

7. 晋薯23号（见彩图4）

品种来源：山西省农业科学院高寒区作物研究所2005年用"03-26-5"作母本，"04-1-20"作父本配制杂交组合，得到实生种子选育而成，父母本均是山西省农业科学院高寒区作物研究所杂交选育出的品系中间材料。

审定情况：2014年通过山西省农作物品种审定委员会审定。

审定编号：晋审薯2014001。

特征特性：中晚熟种，从出苗至成熟110天左右。株形直立，生长势强，叶片较小，叶色墨绿色，花冠深紫色，茎秆较粗，分枝3~5个，株高60~70厘米。结薯集中，薯块大而整齐，薯形圆形，紫皮白肉，芽眼深浅中等，薯皮光滑中等。商品薯率为82.08%。植株出苗整齐，生长势强，抗病性好，退化轻。较抗晚疫病、无环腐病和黑胫病发生。经农业部蔬菜品质监督检验测试中心品质分析，薯块干物质含量为23.5%，淀粉含量为14.4%，还原糖含量为0.15%，维生素C含量为12.7毫克/100克鲜薯，粗蛋白含量为2.26%。

产量表现：2012年参加山西省马铃薯中晚熟区域试验第一年，平均产量为29799千克/公顷，比对照晋薯16号增产19.1%。2013年参加山西省马铃薯区域试验第二年，平均产量为28993.5千克/公顷，比对照晋薯16号增产11.2%。2013年参加山西省马铃薯中晚熟生产试验，全省6个承试点，平均产量为26626.5千克/公顷，比对照晋薯16号增产13.0%。

栽培要点：①播种前20天种薯出窖，剔除病、烂薯后，在15~18℃的散射光条件下催成短壮芽，在4月下旬至5月上中旬及时播种。②种植密度为52500株/公顷，播种前施足底肥，每公顷施牛羊粪土30000千克，种肥225~300千克，最好集中窝施。③开花期浇水，每公顷追施氮肥225千克，及时中耕锄草，加强田间管理。④中后期分两次培土，培土高度要求达到20厘米以上，增加结薯层次，防止薯块外露变绿影响品质。

适宜地区：适宜在忻州、朔州、大同、沁源、平顺、岚县、临县等马铃薯一季作区种植。

8. 冀张薯8号

品种来源：河北省高寒作物研究所1990年从国际马铃薯中心引进杂交组合720087×X4.4的实生种子，进行实生苗培育而成。

审定情况：2006年通过国家农作物品种审定委员会审定。

审定编号：国审薯2006004。

特征特性：中熟种，出苗至成熟99天左右，株形直立，生长势强，株高68.7厘米，茎、叶绿色，单株主茎3.5个，花冠白色，花期长，天然结实性中等。块茎椭圆形，淡黄皮，乳白肉，芽眼浅，薯皮光滑。单株平均结薯5.2块，平均单薯重102克。商品薯率为75.8%。高抗轻花叶病毒病，高抗重花叶病毒病，轻度至中度感晚疫病。经农业部蔬菜品质监督检验测试中心（北京）分析，还原糖含量为0.28%，粗蛋白含量为2.25%，淀粉含量为14.8%，干物质含量为23.2%，维生素C含量为16.4毫克/100克鲜薯。蒸食品质优。

产量表现：2004—2005年参加国家马铃薯品种区域试验华北组，参试点7个，均居参试品种首位，块茎产量分别为26625千克/公顷和31410千克/公顷，分别比对照紫花白增产40.9%和37.0%。2005年参加国家马铃薯品种生产试验华北组，块茎平均产量为20820千克/公顷，比对照紫花白增产21.5%。

栽培要点：①种薯处理：选择种薯级别一致的壮龄块茎，于4月中旬种薯出窖，剔除病、烂薯后，置于18~20℃暖室催芽，暗光处理12天，待芽基催至0.5~0.7厘米时，转到室外背风向阳处，下铺一层草末，阳光直射处理8天，边晒种边随时翻倒，使其感光均匀一致，翻倒要仔细，不得碰掉芽基，结合翻倒拣出病薯和不规则块茎。

②切种后处理：切块后的种薯每100千克用4千克草木灰、200克甲霜灵、5克块茎膨大素、加水3.5千克进行拌种，然后平铺晾种，不得积堆、装袋，防止高温受热感染杂菌，24小时后即可播种。

③播种：选择水肥条件高的地块种植，在4月下旬至5月上旬播种为宜，10厘米地温稳定在5℃为适宜播种期。播种密度为52500~60000株/公顷，施足底肥。

④田间管理：幼苗50%顶土，闷锄1次，中耕深度为1.5~2厘米，苗高25厘米培土，厚3.5厘米，进入现蕾期结合浇水每公顷追施尿素300千克，3~4天后第二次培土，培土厚3.5厘米，两次培土后垄高距地表27厘米。

适宜地区：适宜在山西大同和忻州、内蒙古呼和浩特和乌兰察布市、河北张家口和承德、陕西榆林中晚熟华北一作区种植。

9. 晋早1号（见彩图5）

品种来源：山西省农业科学院高寒区作物研究所1998年用75-6-6作母本，9333-10作父本杂交选育而成。

审定时间：2011年通过山西省农作物品种审定委员会审定。

审定编号：晋审薯2011001。

特征特性：中早熟种，生育期80天左右，株形直立，生长势较强。株高50~60厘米，茎绿色，叶绿色，花冠白色，开花繁茂性中等，天然结实性弱。薯形为圆形，黄皮白肉，皮较光滑，芽眼浅，膨大快，结薯集中，块茎大小整齐。单株结薯3~4个，商品薯率达85%以上。经农业部蔬菜品质监督检验测试中心（北京）检测，块茎干物质含量为24.9%，淀粉含量为15.6%，维生素C含量为24.2毫克/100克鲜薯，还原糖含量为0.21%，粗蛋白含量为2.34%。

产量表现：2008—2009年参加山西省马铃薯中早熟组区试，6个点全部增产，两年平均产量为22666.5千克/公顷，比对照津引薯8号平均增产16.8%；2010年参加山西省马铃薯中早熟组生产试验，6个参试点5个点增产，平均产量为27471千克/公顷，比对照津引薯8号增产9.4%。

栽培要点：在播种前20天将种薯出窖，剔除病、烂薯后，在15~20℃的散射光条件下催成短壮芽。种植密度为60000~67500株/公顷。重施有机肥，增施磷钾肥。田间管理以早为主：早除草、早浇水、早施肥、早中耕、高培土，一促到底。加强蚜虫及早疫病防治。

适宜地区：适宜在晋中、晋南、晋东南二季栽培，大同、朔州、长治、吕梁间作套种及城郊二季栽培。

10. 系薯1号

品种来源：山西省农业科学院高寒区作物研究所由多子白（292-20）天然实生种子后代选育而成。

审定时间：1994年通过山西省农作物品种审定委员会审定。

特征特性：早熟品种，出苗至成熟70天左右。株形直立，叶片肥大，叶色深绿，茎秆绿色兼紫色斑纹，株高50厘米左右。花冠白色，开花少，柱头和花药均呈畸形，雌性败育，无天然结实。块茎圆形，薯皮紫色，薯肉白色，芽眼深，休眠期长。食用品质好，蒸食易开裂，呈粉状。经农业部蔬菜品质监督检验测试中心（北京）检测，干物质含量为22.0%，淀粉含量为17.5%，还原糖含量为0.35%，维生素C含量为25.2毫克/100克鲜薯。抗病毒呈水平抗性，对皱缩花叶（X+Y）过敏，高抗晚疫病，不感染环腐病和黑胫病。

产量表现：一般产量为22500千克/公顷，高者可达30000千克/公顷以上，1993年参加山西省马铃薯品种生产试验，8个点平均产量为22935千克/公顷，最高产量达34192.5千克/公顷，比对照种中心24增产28.9%。

栽培要点：本品种为早熟种，生育期较短，块茎膨大速度快，中耕培土等田间管理应提早，种植密度为60000~67500株/公顷。窝施有机肥，并配合一定数量的磷、钾肥，播前室内催芽晒种可提早出苗。适期早播可提早上市，水地种植，在现蕾开花期浇水1~2次，并配合追施氮肥225~300千克/公顷。旱坡地种植，应适时晚播，以便块茎膨大与当地雨季吻合。该品种亦可同其他作物间作套种，提高经济效益。

适宜地区：系薯1号抗旱耐瘠，高抗晚疫病，适宜在旱薄、丘陵山区种植，城市郊区适期早播，可作为菜薯提早上市。

11. 紫花白

选育单位：黑龙江省农业科学院马铃薯研究所。

审定时间：1984年通过国家品种审定委员会审定。

特征特性：属中熟种，生育期95天左右，株形开展，分枝数中等，株高70厘米左右。块茎椭圆形，白皮白肉，薯皮光滑，块大而整齐，芽眼深度中等。块茎休眠期长，耐贮藏。植株抗晚疫病，抗Y病毒和卷叶病毒，高抗环腐病，耐旱耐束顶，较耐涝。干物质含量为18.1%，淀粉含量为13%~14%，还原糖含量为0.52%，粗蛋白含量为0.65%，维生素C含量为14.4毫克/100克鲜薯。

产量表现：产量为22500~37500千克/公顷。

栽培要点：播前催芽，种植密度为52500株/公顷。施足基肥，配合一定数量的磷钾肥可显著提高产量和品质。开花期浇水，追施氮肥225千克/公顷，及时中耕锄草，加强田间管理。适于夏播留种。

适宜地区：适宜范围广，主要分布于山西、黑龙江、吉林、辽宁、内蒙古等省（区），是我国种植面积较大的品种之一。

（二）高淀粉品种

高淀粉品种的具体要求：高产、抗病，淀粉含量应在18%以上，块茎中等大小（中等大小50~100克的块茎淀粉含量较多），均匀一致，块茎表皮光滑而薄、芽眼较浅且少，表皮和薯肉的颜色较浅。

1. 青薯9号

品种来源：青海省农林科学院2011年用387521.3作母本，APHRODITE作父本杂交选育而成。

审定情况：2011年通过国家农作物品种审定委员会审定。

审定编号：国审薯2011001。

特征特性：中晚熟种，出苗至成熟120天左右，株高86.6~107.4厘米，分枝多，中后期生长势强。茎紫色，叶深绿色，花冠浅红色，有黄绿色五星轮纹，无天然果。结薯集中、均匀，薯块椭圆形，表皮红色，有网纹，薯肉黄色，芽眼浅，商品薯率达82.2%以上，单株结薯5.80~11.40个，单株产量944.39~945.61克。干物质含量为25.72%，淀粉含量为19.76%，还原糖含量为0.253%，维生素C含量为23.03毫克/100克鲜薯。蒸、煮、炒、炸加工后口感俱佳，植株田间抗晚疫病，抗病毒病PVX、PVY和PLRV，在干旱、半干旱地区种植其抗旱性表现突出。

产量表现：一般水肥条件下产量为33750~45000千克/公顷，高水肥条件下产量可达45000~60000千克/公顷。

栽培要点：选择中等以上地力、通气良好的沙壤土种植。秋季结合深翻施有机肥30000~45000千克/公顷、纯氮93.15~155.25千克/公顷、五氧化二磷124.2~179.4千克/公顷、氧化钾187.5千克/公顷。4月中旬至5月上旬播种，采用起垄等行距种植或等行距平种，播深为8~12厘米。播量为1950~2250千克/公顷。行距为70~80厘米，株距为25~30厘米，种植密度为48000~55500株/公顷。苗齐后结合除草松土进行第一次中耕培土，培土3~4厘米；现蕾初期进行第二次培土，厚度达8厘米以上，并追施纯氮10.35~17.25千克/公顷。现蕾后至开花前，结合施肥进行第1次浇水，生育期浇水2~3次。开花期喷施磷酸二氢钾1~2次。在生育期内发现中心病株，及时拔除病株，并进行药剂防治。

适宜地区：适宜在山西、内蒙古、青海省东部、宁夏南部、甘肃中部一季作区作为晚熟鲜食品种种植。

2. 大同里外黄（*见彩图6*）

品种来源：山西省农业科学院高寒区作物研究所2004年用9908-5作母本，9333-10作父本杂交选育而成。

审定情况：2013年7月通过山西省农作物品种审定委员会审定。

审定编号：晋审薯2013001。

特征特性：中晚熟种，出苗至成熟110天左右，株形直立，生长势强，株高82厘米，茎绿色，茎秆粗壮，叶绿色，叶片较大。花冠白色。块茎扁圆形，黄皮黄肉，薯皮光滑，芽眼深浅中等，结薯集中，块茎大而整齐，单株结薯4.4个，商品薯率达80%以上。植株田间抗花叶与卷叶病毒病，抗晚疫病，抗旱性强。经农业部蔬菜品质监督检验测试中心（北京）分析化验，干物质含量为26.0%，淀粉含量为19.1%，还原糖含量为0.67%，维生素C含量为16.9毫克/100克鲜薯，粗蛋白含量为2.26%。蒸煮后，肉色金黄，口感甜、绵、有香味。

产量表现：2011—2012年参加山西省马铃薯中晚熟种区域试验，块茎两年平均产量为28891.5千克/公顷，比对照晋薯16号平均增产18.1%。2012年参加山西省马铃薯中晚熟种生产试验，块茎平均产量为26005.5千克/公顷，比对照晋薯16号增产29.9%。

栽培要点：一季作区在播种前20天将种薯出窖，剔除病、烂薯后，在15~20℃的散射光条件下催成短壮芽，在4月下旬至5月上旬播种为宜，9月下旬至10月上旬收获。本品种植株高大，不宜过密，种植密度为45000~52500株/公顷。施足底肥，在现蕾开花期根据需要浇水追施尿素和硫酸钾。及时中耕锄草，加强田间管理，封垄前高培土，增加结薯层次，防止薯块外露变绿。

适宜地区：在山西、内蒙古等马铃薯一季作区均可种植。

（三）炸片加工品种

炸片品种的具体要求：薯形圆形，结薯整齐，块茎大小以直径5.0~7.0厘米为宜，不易发生空心和黑心。薯皮薄而光滑，以乳黄色或黄棕色为宜。芽眼浅而少。相对密度高于1.080，干物质含量在20%~24%，还原糖含量低于0.25%，耐低温贮藏。

1. 大西洋

品种来源：由美国农业部育成。1978年从国际马铃薯研究中心引入我国。

特征特性：株形直立，分枝较多，株高70~90厘米。叶大且多，茎、叶黄绿色，花浅紫间有白色。块茎较大，近圆形，白皮浅黄肉，表皮光滑，芽眼极浅。结薯集中，大中薯率高。生育日数为100天左右。薯块淀粉含量为14.7%~17%，还原糖含量低于0.2%。感晚疫病，退化快，怕涝。适于机械化栽培。炸片后色泽很好，加工后脱色效果好，是国内外各厂家油炸薯片加工利用的主要品种。

产量表现：一般地块产量为22500~30000千克/公顷，高产地块可以达到45000千克/公顷。

栽培要点：土质以壤土为好，不适宜在干旱的沙质土上种植。种植过程中不可施用过多的肥料。在生产中要适当增加密度，防止产生过大薯块，种植密度为57000株/公顷。

适宜地区：本品种适宜范围广，在山西、陕西、内蒙古、河北省北部及东北大部分等地区均可种植。旱薄、丘陵及平川等地区都可种植。

2. 费乌瑞它

品种来源：由农业部种子局从荷兰引进的马铃薯品种。

特征特性：早熟品种，生育期60天左右，株形直立，株高60厘米左右。块茎长椭圆形，顶部圆形，皮淡黄色，肉鲜黄色，表皮光滑，块大而整齐，芽眼数少而浅，结薯集中，块茎膨大速度快。适宜炸片加工。植株易感晚疫病，块茎中感病，轻感环腐病和青枯病，抗Y病毒和卷叶病毒。干物质含量为17.7%，淀粉含量为12.4%~14%，还原糖含量为0.03%，粗蛋白含量为1.55%，维生素C含量为13.6毫克/100克鲜薯。

产量表现：产量为22500~30000千克/公顷。

栽培要点：该品种株形直立，分枝少，适于密植，种植密度可根据土壤水肥条件增加到60000~67500株/公顷，并采用优质脱毒种薯。块茎休眠期短，适于二季作地区栽培。播前需晒种催芽，块茎对光敏感且易露于地表，应及早多次中耕并高培土，以免形成绿薯影响品质。

适宜地区：该品种适应性广，平地、山川均可种植，主要分布在中原二季作区各省市。

（四）炸条加工品种

炸条品种的具体要求：薯形长椭圆形，块茎大（200克以上），两端宽圆，髓部长而窄，无空心。薯皮黄色，薯肉白色，表皮光滑，芽眼浅。相对密度为1.085，对炸条品种的干物质含量要求更严格，以使炸条直而不弯曲。还原糖含量低于0.25%。

1. 夏波蒂

品种来源：夏波蒂（Shapody）为加拿大品种。

特征特性：夏波蒂为中熟品种，生育天数100天左右。株形直立，株高

70~90厘米，分枝多，茎秆绿色，叶片肥大、绿色，侧小叶4对。花冠大，白色带微粉红，雄蕊橙黄色，花粉多，柱头2裂，天然结果少。块茎长椭圆形，白皮，白肉，表皮光滑，芽眼极浅且突出。结薯早且集中，薯块大。块茎休眠期长，耐贮藏。块茎蒸食品质中等，加工品种优，特别适于油炸加工，也是马铃薯薯条加工的理想品种。干物质含量为12%~19%，淀粉含量为11%，还原糖含量为0.16%。但该品种易感染晚疫病、疮痂病，块茎感染晚疫病的概率也较高，在适宜晚疫病发生的高寒冷凉山区或水肥条件较好地区的旱季种植，应加强晚疫病、疮痂病等病害的综合防治。

产量表现：一般产量为22500千克/公顷，高产可达37500千克/公顷以上。

栽培要点：该品种喜水肥，要施足底肥，增施磷肥、钾肥，结合追肥浇水加强田间管理。要求土壤疏松，起垄栽培，大小垄种植。目前国内多采用大小垄种植，具体做法是小垄33厘米，大垄80~100厘米。平种培土（二铲三趟）小垄高25厘米左右，从大垄好取土，这样既让块茎生长土壤透气性好，有利于块茎膨大，又便于大垄沟的浇水，雨多好排涝，还能防止薯块见光变绿，大大提高了块茎加工品质。

适宜地区：该品种适应性广，适宜在山西、黑龙江、内蒙古、河北、甘肃等省区栽培。

（五）特色品种

特色马铃薯品种主要是彩色马铃薯，通常指薯皮、薯肉带红色、紫色或黑色的马铃薯。同普通马铃薯一样，彩色马铃薯中同样含有多酚类物质、类胡萝卜素、类黄酮和维生素C等多种生物活性物质。使彩色马铃薯薯肉呈现颜色的色素为花青素类色素。研究表明，彩色马铃薯比普通马铃薯营养更丰富，同时，花青素还赋予了彩色马铃薯更高的抗氧化活性和抗肿瘤活性。彩色马铃薯新品种的选育在中国正处于起步阶段，人们对彩色马铃薯保健功能的认识还不足，但是随着人们健康意识的不断增强，人们对食品的需求已相当多元化，彩色马铃薯作为更具保健功能的马铃薯必将具有更加广阔的市场。国内彩色马铃薯育种进程缓慢，主要原因是彩色马铃薯资源材料不足。

1. 黑美人（见彩图7）

品种来源：由兰州陇神航天育种研究所与甘肃陇神现代农业公司，用航天育种技术选育成的马铃薯新品种。

特征特性：属中早熟品种，全生育期90天左右。幼苗直立，株丛繁茂，株形直立高大，生长势强。株高60厘米，茎粗1.37厘米，茎深紫色，横断面三棱形。主茎发达，分枝较少。叶色深绿，叶柄紫色，花冠紫色，花瓣深紫色。薯体长椭圆形，表皮光滑，呈黑紫色，乌黑发亮，富有光泽。薯肉深紫色，致密度紧，外观颜色诱惑力强。淀粉含量为13%~15%，口感香、绵，品质好。芽眼浅，芽眼数中等，结薯集中。耐旱耐寒性强，适应性广，薯块耐贮藏。

产量标准：一般产量为21000千克/公顷。

栽培要点：土质以壤土为好，不适宜在干旱的沙质土上种植。高肥力地块可合理密植，低肥力地块要适当稀植，早熟品种应适期早播。根据市场供销情况适时收刨，收获过程中要尽量减少机械损伤，以免影响商品质量。

适宜地区：本品种适宜范围广，在山西、陕西、内蒙古、河北省北部及东北大部分等地区均可种植。

2. 黑金刚（见彩图8）

品种来源：国外引进品种，系谱不详。

特征特性：黑金刚出苗至成熟需90天左右，属中熟品种，幼苗生长势较强，田间整齐度好。株形半直立，分枝3~4个，株高45厘米，茎、叶绿色，叶缘平展，茸毛少，复叶中等，侧小叶2~3对，排列较整齐。花冠白色，无重瓣，雄蕊黄色，柱头三裂，花粉少，天然结实少。单株结薯8~12个，薯块长椭圆形，长10厘米左右，皮黑色，肉黑紫色，表皮光滑，芽眼数和深度中等。结薯集中，单株平均结薯315千克，大面积平均单产33000千克/公顷左右，块茎休眠期45天左右，较耐贮藏。

产量水平：产量为30000~37500千克/公顷。

栽培要点：选择土质疏松、肥沃、排水通气良好的土地，以呈微酸性或中性的沙壤土为宜。在马铃薯播种前先要深耕整地，耕层深25厘米左右，整地要求细、匀、松，创造深厚疏松的土壤条件。深耕前撒施腐熟羊粪

22500~37500千克/公顷作基肥，播种时撒施过磷酸钙1500千克/公顷、尿素375千克/公顷、硫酸钾375千克/公顷。播种密度为52500株/公顷。马铃薯幼苗出土5~10厘米时，结合除草进行第1次中耕，深度1厘米左右，10~15天后进行第2次中耕，宜稍浅，现蕾时，进行第3次中耕。

　　适宜地区：本品种适宜范围广，在山西、陕西、内蒙古、河北省北部及东北大部分等地区均可种植。

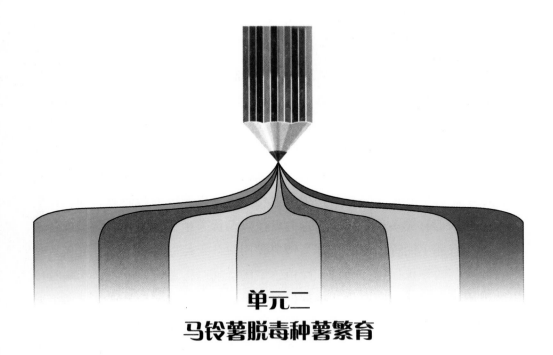

单元二
马铃薯脱毒种薯繁育

单元提示

1. 了解马铃薯种薯退化的原因
2. 掌握马铃薯种薯退化的防治措施
3. 学习马铃薯脱毒种薯生产

一、种薯退化的原因

马铃薯在栽培过程中极易受病毒侵染而造成严重减产。马铃薯生长期间经常植株变矮，分枝减少，叶片皱缩，生长衰退，块茎变小，产量明显下降，一年不如一年，最后失去种植价值，这种现象称为马铃薯退化。马铃薯退化的原因，过去很长时间没有搞清楚，直到1955年法国科学家用退化的茎尖分生组织，培养出完全无病毒的马铃薯植株，并使马铃薯的植株恢复原来的健康状态，世界上才公认马铃薯的退化是由病毒造成的。研究表明，侵染马铃薯的病毒有30多种，这些病毒一旦侵入马铃薯植株和块茎，会出现各式各样的病态和不同程度的减产。马铃薯是用块茎无性繁殖的，病毒进入块茎后，随块茎的种植而代代相传。种植感染病毒的马铃薯时间越长，则病毒侵染的范围越广，病毒性退化就越重，最后患病的种薯因产量太低、品质太差在生产上丧失了利用价值。近年来，引进品种、育成品种增加，马铃薯病毒种类有所增多，增加了一些复合感染的病毒病害，致使某些地区品种的病毒病严重，有些主栽品种已无法留种。

二、影响马铃薯产量的病毒病及其危害

根据国内马铃薯病毒病害的研究结果，已知侵染马铃薯的病毒有20多种，类病毒1种，类菌原体2种。在侵染马铃薯的20多种病毒中，有9种是专门寄生于马铃薯上的病毒，其中国内已发现的有7种，即马铃薯X病毒、Y病毒、S病毒、M病毒、马铃薯奥古巴花叶病毒（PAMV）、马铃薯A病毒和卷叶病毒（PLRV），其余侵染马铃薯的11种病毒是来自其他寄主植物的病毒，国内发现并报道的只有马铃薯杂斑病毒、烟草脆裂病毒和烟草坏死病毒3种。迄今为止，自然侵染马铃薯的类病毒为马铃薯纺锤块茎类病毒（PSTVd），并已证明在我国许多栽培品种和实生种子亲本中存在。

几种主要马铃薯病毒病害引起的减产幅度随品种、环境条件、病毒株系而不同。引起皱缩花叶和卷叶病害的马铃薯Y病毒和卷叶病毒常能造成减产50%~80%，因此防治马铃薯病毒病害是马铃薯栽培的重要组成部分。

三、马铃薯种薯退化的防治措施

温度与传毒介体蚜虫对马铃薯种薯的退化速度有很大的影响。在我国高纬度、高海拔地区，年平均温度低，蚜虫发生少、传毒概率低，即使马铃薯感染了病毒，特别是花叶型病毒，在低温条件下，病毒在植株体内增殖速度慢、危害轻，种薯退化速度慢。因此，在蚜虫少的高纬度、高海拔地区的马铃薯可以在当地连续种植多年，仍有较高的产量。但在我国广大的中原马铃薯二季作地区，由于春马铃薯生长正处于高温季节，传毒蚜虫发生频繁，植株内的病毒增殖快，危害严重，种薯退化快，必须年年更换种薯。凡从高纬度调入马铃薯二季作区的种薯，每种一季，产量就会降低一些。因此，农民必须每年更换优质种薯，才能获得高产。

1. 避蚜留种

针对病毒传播的途径，特别是蚜虫传毒的特点，国外早已在马铃薯种薯生产上采取了防蚜、避蚜措施。我国在避蚜留种技术方面也积累了许多经验，如为了防止蚜虫传毒，北方一季作区采取夏播留种，中原二季作区实行春薯早收留种。其具体实施方法如下。

（1）夏播留种：主要是在一季作区对留种的材料实行晚播，一般生产田播种马铃薯是在4月底或5月初。而为了避开蚜虫传毒高峰期，提高种薯质量，可把种薯的播种时间推迟2个月左右，即种薯田在6月底至7月中下旬播种，所以称夏播留种。夏播留种把种薯田和一般生产商品薯田分开，对马铃薯保种有重要作用。特别是利用脱毒种薯结合夏播对保种更为有利。

（2）春薯早收留种：把种薯与商品薯在春季分开种植或分别收获，只要在有翅蚜虫传毒高峰期前收获种薯，种薯的质量就能大大提高。春季种薯早收防止有翅蚜传毒，是提高种薯质量的重要措施。

2. 茎尖脱毒

茎尖脱毒是利用病毒在植物组织中的分布不均匀性和病毒愈靠近根、茎顶端愈少的原理，切取很小的茎尖实现的。马铃薯茎尖脱毒切取的茎尖（生长点）长度为0.2~0.3毫米，只带1~2个叶原基。经过组织培养成苗后进行病毒检测，确实不带病毒的才能繁殖茎尖苗，生产无毒薯。用脱毒种薯代替退化的种薯是重要的增产措施。但是脱毒苗和脱毒薯在繁殖时，如果前期不采取防病措施，病毒仍会再次侵染脱毒苗或脱毒薯生长的植株。所以脱毒苗和原种繁殖过程必须严格防止病毒侵染，即使在温室内或网棚内种植，也需经常喷施灭蚜药剂或用溴氰菊酯杀灭粉虱等害虫。

3. 整薯播种

长期以来，为了节省种薯，生产上多采用按芽眼切块播种，或为了加速良种繁殖，增加繁殖倍数，采用分芽切块等办法。试验表明，马铃薯纺锤块茎类病毒（PSTV）借切刀传毒率可达100%，马铃薯S病毒传播率可达25%。整薯播种可避免借切刀传毒、传菌，可以利用块茎的顶芽优势，长出较多的茎叶，增加光合面积，有利于多结薯，结大薯，还可以节省切种所耗费的劳力，便于机械化播种。根据调查资料，采用整薯播种的，退化株率、缺株率和感染环腐病株率均显著低于切块播种的，整薯播种比切块播种的退化株率降低6%~15%，缺株率降低8%~23%，感染环腐病株率减少12%~31%，增产12%~27%。采用整薯播种，以秋播留种的小整薯为宜，这样既可以节省种薯，又能达到防止退化、提高产量的目的。

4. 利用马铃薯实生种子生产种薯

目前，国际马铃薯中心在马铃薯杂交实生种子的研究中取得了重大突破。将杂交制种技术引入马铃薯生产，在亲本选育、雄性不育系的应用、控制后代形状整齐度、早熟、抗晚疫病基因的引入和杂交制种的规模化生产相关技术等方面获得了一批应用成果，解决了制种和种子处理等技术难题。并选出了上百种杂种优势较好的马铃薯杂交组合及其亲本材料。在CIP指导下，我国杂交实生种子的研究和利用也已走出低谷，实生苗移栽和实生薯种植面积逐年扩大。

利用马铃薯杂交实生种子生产马铃薯在防止马铃薯病毒病、提高产量和降低成本等方面均有巨大潜力，得到了国内外专家的广泛重视。与目前广泛采用的马铃薯茎尖脱毒相比，马铃薯杂交实生种子无须昂贵的组织培养设施即可获得质优价廉的脱毒种薯。在生产应用上具有用种量少、用种成本低、体积小、运输方便、减少病虫害的发生、增产效果显著等优点。马铃薯杂交实生种子是继马铃薯茎尖脱毒快繁技术之后的又一项重大新技术，且更经济有效。

四、生产脱毒种薯

马铃薯茎尖脱毒技术获得成功后，世界上许多国家利用组织培养方法开展无病毒马铃薯种薯的生产。用脱毒苗生产无病毒的种薯，解决了由马铃薯的病毒病退化而引起的减产问题，世界各地马铃薯产量有了大幅度的提高。欧美等国家生产用的马铃薯主要品种已全部进行茎尖脱毒，因而马铃薯生产进入了良性循环，基本上控制了病毒性退化，实现了高产、稳产。我国马铃薯产量低的原因，除栽培条件较差外，主要是种薯的质量有待提高。种植高产的品种，如果没有种薯质量作保证，那么再好的栽培条件也不可能高产。因此，采用茎尖脱毒苗生产无病毒的种薯，是解决我国马铃薯病毒性退化，提高马铃薯产量的一项根本性措施。为了使农业战线上的技术人员和农民群众对马铃薯脱毒苗和脱毒种薯的生产过程有更多的了解，现介绍如下：

（一）茎尖脱毒培养与病毒检测

1. 材料的选取

从大田选取健康植株上的分枝或腋芽进行茎尖剥离培养，也可把这些植株的块茎取出，在块茎发芽后剥取芽的顶尖（生长锥）进行培养。有的品种在种植过程中因病毒侵染机会少、种植时间短或有的植株无病毒，经检测后确无病毒的，即可直接作无病毒株系扩大繁殖，免去脱毒工序。但不论取材健康程度如何，都应该在取用前进行纺锤块茎类病毒（PSTV）等病毒检测，以便决定取舍和全面掌握病毒情况。

2. 病毒检测

（1）茎尖培养前检测：目前生产上推广的马铃薯品种，或多或少有被马铃薯纺锤块茎类病毒侵染的可能。作为茎尖培养的材料，应首先用聚丙烯胺凝胶电泳法进行纺锤块茎类病毒检测，因茎尖脱毒一般不能脱去这种病毒，如果存在此病毒，应坚决淘汰，确定无纺锤块茎类病毒时，再检测其他病毒。可用电镜法、血清法和指示植物法等方法，检测茎尖培养的材料带什么病毒，做好登记，培养后进行核查。

（2）培养成苗后检测：在茎尖脱毒培养时，通常最少剥取几十个茎尖，多的达几百个。培养成苗后，还要把好病毒检测关。实践证明，侵染马铃薯的X病毒（PVX）和S病毒（PVS）最难脱掉。原来就不带X病毒和S病毒的，应当带什么病毒检测什么病毒。

脱毒苗是绝对不允许带任何类病毒和病毒的，所以检测一定要严格。用电镜和血清法检测后，若有必要，还可用指示植物接种加以最后确定。指示植物是经过筛选的、对某种病毒有专化性反应的植物。经过血清检测和指示植物接种后均无病症反应的脱毒苗，可以最后确定为无毒苗，才能供生产无病毒种薯应用。

3. 培养基配置

马铃薯茎尖培养一般都采用MS培养基。将培养基配好后在试管或三角瓶中分装，进行高压消毒灭菌。蒸汽压力达到1.05千克/平方厘米时，水蒸气的温度升高到121℃，经20分钟即可灭菌。

4. 茎尖培养方法

（1）材料消毒：取2~3厘米的壮芽，剥去易除叶片，放在自来水下冲洗30分钟，取出后在95%酒精中迅速浸一下，随即放入5%的次氯酸钠溶液中浸泡5~10分钟，再用无菌水冲洗3~4次，最后可拿到无菌室开始剥取茎尖。

（2）无菌室消毒：一般用5%的石碳酸水全面喷雾，并用紫外线灯照射半小时以上，关闭紫外线灯20分钟后工作人员才能入室。超净工作台应事先打开，半小时后工作。工作人员换上消毒过的工作服、鞋、帽和口罩，并用75%的酒精棉球擦手和工作台上的各种用具，然后开始工作。

（3）剥离茎尖和接种：在超净工作台上将消毒过的芽放在解剖镜下进行剥离，用解剖针剥去幼叶，直至露出圆滑生长点，再用解剖刀仔细切取所需茎尖，随即接种于培养基上。茎尖以0.2毫米以下带1~2个叶原基为宜。剥离茎尖、接种用的解剖针、解剖刀等工具要求严格消毒。

（4）茎尖培养：接种茎尖的试管，应放在培养室内进行培养。室内保持20~25℃，每天16小时光照，光照强度为2000~3000勒克斯。在正常情况下，茎尖成活后1个月左右即看到明显增长。随着茎尖的增长，根据情况将其转移到新的无调节剂的培养基上，茎尖便可逐渐生长成新的小苗。待小苗长到4~5节时进行单节切段，然后接种到三角瓶内培养基上。经过30天左右再把三角瓶中的小植株单节切段接种于3~4个新的培养基中。待瓶中苗高至10厘米左右，直接取2~3瓶进行病毒检测，留1瓶保存于培养室内。经过检测确实不带任何病毒的试管苗，可确定为无菌苗，才能繁殖利用。凡检测出有病毒的茎尖苗应一律淘汰，并立即淘汰培养室中保存的同样的试管苗。

（二）生产脱毒小薯

在保证脱毒苗完全无病的条件下，把脱毒苗从培养瓶中移栽到防虫网室中即可生产无病毒小种薯（原原种）。

1. 培养壮苗

在准备移栽的无毒苗的培养基中加入10毫克/升B9或矮壮素，并把培养室的温度降至15~18℃，光照强度加强到3000~4000勒克斯，每天给予16小时的光照。在移栽前把试管苗（培养瓶）放在室内窗台处散光较强的地方，幼苗经过5天左右的炼苗后移栽；或者把包瓶纸揭开，幼苗生根成活后有3~4片小叶时即可移栽，这样的小苗带根移栽很容易成活。

2. 适宜的生长条件

脱毒苗应移栽在能够防止蚜虫、烟粉虱和红蜘蛛等进入的网室内，还应具备以下条件：

①移栽苗前，温室内应清除杂草并喷药灭蚜。

②移栽脱毒苗时，温室温度不宜超过25℃，否则易烂苗。

③移栽脱毒苗的基质要疏松，一般用蛭石作为基质。为了补充基质中的养分，在制备时应掺入必要的营养元素。

④基质放在培养盘中，或平铺于地面，10~12厘米厚。移栽前先把基质浸湿或浇透，按行距4~5厘米、株距3厘米左右开沟，把幼苗栽入沟中，然后轻压苗基部并浇水，使苗根部与基质接触，但不可出现积水现象。移苗与浇水后再用塑料薄膜覆盖起来，保持湿度。

⑤试管苗中的苗带根移栽时，把根部培养基洗掉，以防霉菌寄生以后烂

根。

⑥脱毒苗成活以后，根据苗情加强管理，每隔1~2天喷浇一次小水，苗弱时可喷施一些营养液。每60天左右即可收获一次小薯。小薯来自无毒苗的为最高级的种薯，称为原原种。把原原种种在网棚或隔离条件好的地点生产的种薯为一级原种。

（三）建立良种生产体系

马铃薯用块茎种植时，用种量大，繁殖系数低，因此建立良种生产体系，使优质种薯源源不断地供给农民是非常必要的。建立良种生产体系需要从原原种生产开始，进一步大量生产原种和良种。

1.生产原原种

利用脱毒苗生产无任何病害的原原种，是良种生产体系的核心。生产原原种可利用脱毒苗移栽法，但目前最经济有效的方法是用脱毒苗在温（网）室内切段扦插。其优点有三：

（1）节省投资：脱毒苗切段扦插是把脱毒苗从试管繁殖改在防虫温（网）室内进行。这种方法不需要大量三角瓶生产试管苗，也不需要大面积的培养室，并可节省大量培养基。因此，可节省投资，降低成本，提高无病毒种薯的经济效益。

（2）繁殖速度快：脱毒苗移栽成活后切段繁殖速度很快。

（3）方法简单：脱毒苗移栽成活后，切段扦插时把顶部茎段和其他节段分开，并分别放入生根剂溶液中浸15分钟，然后扦插。生根剂可用市场出售的生根粉配制成溶液，也可用100毫克/升的萘乙酸溶液。扦插前将基质浇湿，切段1节插入基质中，1节在上。每平方米扦插700~800株。扦插后轻压苗基，小水滴浇后用塑料薄膜覆盖，保持湿度。扦插时室温不宜超过25℃。剪苗后对母株施营养液，促进生长。扦插苗成活后的管理与脱毒苗移栽后相同。

2.生产原种

原原种生产成本高，生产的种薯数量有限，远不能直接用于生产，所以需要把原原种扩大繁殖，生产一级和二级原种。生产原种田应具备的条件：

①地势高寒，蚜虫少。

②雾大、风大，有翅蚜虫不易迁飞、降落的地方。

③天然隔离条件好，如森林中间的空地、四周环山的高地、海边土质好的岛屿等。

④无传播病毒和细菌性病害的土地。

总之，为了保证原种质量，防止在种薯生长期间被病虫害侵袭，特别是蚜虫传毒，必要时加强灭蚜措施，力求达到原种生产标准。

3. 生产良种

良种来自一级原种或二级原种。第一次用原种生产的种薯为一级良种，一级良种再种一次即为二级良种。一级原种的种薯量大时可直接用来生产一级良种，一级良种的种薯量大时可直接向农民提供种薯。农民生产的马铃薯只能供市场销售，不作种薯。

总之，良种生产体系一旦实现，马铃薯的产量可大幅提高。脱毒薯生产将大大提高农业的经济效益。

（四）生产脱毒马铃薯的主要条件和设备

1. 基本实验室要求

准备室、洗涤灭菌室、无菌操作室、培养室、缓冲间，是组织培养实验所必须具备的基本条件。如进行工厂化生产，年产4万~20万株脱毒苗，需3~4间实验用房，总面积60米^2。

（1）准备室（化学实验室）

功能：进行一切与实验有关的准备工作；完成所使用的各种药品的贮备、称量、溶解、器皿洗涤、培养基配制与分装、培养基和培养器皿的灭菌、培养材料的预处理等。

要求：最好有20平方米左右。宽敞明亮，便于放置多个实验台和相关设备，方便多人同时工作；通风条件好，便于气体交换；实验室地面应便于清洁，并应进行防滑处理。

设备：实验台、药品柜、水池、仪器、药品、防尘橱（放置培养容器）、冰箱、天平、蒸馏水器、酸度计及常用玻璃仪器等。

（2）洗涤灭菌室

功能：完成各种器具的洗涤、干燥、保存、培养基的灭菌等。

要求：根据工作量的大小决定洗涤灭菌室的大小，一般洗涤灭菌室的面积控制在30~50平方米。在实验室的一侧设置专用的洗涤水槽，用来清洗玻璃器皿。中央实验台还应配置2个水槽，用于清洗小型玻璃器皿。如果工作量大，可以购置一台洗瓶机。准备1~2个洗液缸，专门用于洗涤对洁净度要求很高的玻璃器皿。地面应耐湿并排水良好。

设备：水池、落水架、中央实验台、高压灭菌锅、超声波清洗器、干燥灭菌器（如烘箱）等。

（3）无菌操作室（接种室）

功能：主要用于植物材料的消毒、接种、培养物的转移、试管苗的继代、原生质体的制备以及一切需要进行无菌操作的技术程序。

要求：接种室宜小不宜大，面积为10~20平方米。要求封闭性好，清洁明亮，能较长时间保持无菌，因此不宜设在容易受潮的地方。地面、天花板及四壁尽可能密闭光滑，易于清洁和消毒。配置拉动门，以减少开关门时的空气扰动。为便于消毒处理，地面及内墙壁都应采用防水和耐腐蚀材料。为了保持清洁，无菌室应防止空气对流。接种室要求在适当位置吊装1~2盏紫外线灭菌灯，用以照射灭菌。最好安装一台小型空调，使室温可控，这样可使门窗紧闭，减少与外界空气对流。

培养材料放在培养架上培养。培养架大多由金属制成，一般设5层，最低一层离地面高约10厘米，其他层间隔30厘米左右，即培养架高1.7米左右。培养架长度都是根据日光灯来设计的，如采用40瓦日光灯，则长1.3米，采用30瓦的长1米，宽度一般为60厘米。日光灯一般用40瓦，固定在培养架的侧面或搁板的下面，每层有两支日光灯，距离20厘米，光照强度为2000~3000勒克斯。培养室最关键的因素是温度，要安装窗式或立式空调机。可安装定时器控制光照时间。现代大多设计为采用天然太阳光照作为主要能源，这样不但可以节省能源，而且组培苗接受太阳光生长良好，驯化易成活。在阴雨天可用灯光作补充。

设备：培养架（控温控光控湿）、自动控时器、紫外灯、显微镜、温湿度计、空调等。

2. 基本设备配置

（1）天平：组织培养实验室需要2~3台不同精度的天平。感量0.001克的天平（分析天平）和感量0.0001克的天平（电子天平）用于称量微量元素和一些较高精确度的实验用品；感量0.01克和0.1克的天平，用于大量元素母液配制和一些用量较大的药品的称量。

（2）冰箱：各种维生素和激素类药品以及培养基母液均需低温保存，某些试验还需植物材料进行低温处理，一般普通冰箱即可。

（3）高压灭菌锅：用于培养基、玻璃器皿以及其他可高温灭菌用品的灭菌，根据规模大小有手提式、立式、卧式等不同规格。

（4）紫外灯。

3. 无菌操作设备

（1）接种箱：是使用较早的最简单的无菌装置，主体为玻璃箱罩、入口有袖罩，内装紫外灯和日光灯，使用时对无菌室要求较高。

（2）净化工作台：其操作台面是半开放区，具有方便操作、舒适等优点，经过滤的空气连续不断吹出，直径大于0.03微米的微生物很难在工作台的操作空间停留，保持了较好的无菌环境。由于过滤器吸附微生物，使用一段时间后过滤网易堵塞，因此应定期更换。

4. 培养设备

是指根据需要所选用的不同规格和控制精度的用于植物细胞、组织和器官培养的设施和设备。

（1）培养架：培养架是所有植物组织培养实验室植株繁殖培养的通用设施。成本低，设计灵活，可充分利用培养空间，以操作方便、最大限度利用培养空间为原则。架层有4~5层，层间间隔40~50厘米，光照强度可根据培养植物特性来确定，每架配备2~4盏日光灯。

（2）培养容器与用具：

培养容器指盛有培养基并提供培养物生长空间的无菌装置。

培养用具指培养物接种封口所用的各种金属或塑料制品。

培养容器包括各种规格的培养皿、三角瓶、试管、培养瓶。

金属用具主要有植物组织解剖用的小尖头镊子和分株转移繁殖转接用的枪形镊子、不锈钢医用弯头剪、短柄可换刀片的医用不锈钢解剖刀。

塑料用具主要包括各种风口膜、盖、塑料盘及其他实验用具。

单元三
马铃薯高效高产栽培技术

单元提示

1. 了解马铃薯套种原则
2. 了解实生种子生产马铃薯的优点
3. 掌握马铃薯高效高产栽培技术

一、地膜覆盖高产栽培技术

地膜覆盖栽培马铃薯，可加快马铃薯生育进程，提早出苗，增加株高及茎粗，提高茎叶鲜物质量和叶面积系数，单株结薯增多且增加商品薯率，地膜覆盖能有效增加马铃薯产量，从而获得较好的经济效益。

（一）播种技术要点

1. 地块选择及整地

选用土壤肥力中上等、耕层深厚、排灌方便、光照充足的地块，前茬以豆类、麦类、瓜类为宜，避免重茬。灌足安种水，封冻前和解冻后及时进行耙糖镇压保墒。播种前深翻20~25厘米，做到土壤疏松、地平土细、上虚下实、墒情充足，为起垄覆膜创造良好的条件。

2. 施肥

多施有机肥，增施钾肥。在春耕时施入优质农家肥75000千克/公顷，化肥在播种时施入，全生育期每公顷施入纯氮肥180千克、磷肥150千克，并根据测土结果进行科学合理配比施肥。

3. 品种选择

选择丰产性好、抗病性强、适应性广、商品性好、具有本品种特性、薯形完整、大小均匀、皮色正常的幼龄薯作种薯。同时根据市场需求选用淀粉含量高、粮菜兼用或全粉加工型高产抗病脱毒种薯。播前先进行人工精选，将种薯平摊晾晒2~3天，忌在水泥地上晾晒，晒种期间剔除病、伤薯，以减轻田间缺苗，保证全苗，为丰产奠定基础。

4. 起垄

起垄时先按照垄沟宽度100~110厘米划线，撒施基肥，然后采用专用起垄机械沿划线起垄，也可用人工犁铧来回沿划线深犁开沟，将犁臂落土刮至垄面整平。或者采用专用起垄开沟施肥机，起垄与施肥一次完成。起垄规格为垄面宽60厘米，垄高30厘米，垄间距40厘米，带幅100厘米，垄和垄沟宽窄要均匀，垄脊高低一致。

起垄时期：在冬灌条件下，一般在3月中上旬土壤耕层解冻10~15厘米时及时起垄，以利保墒。在春灌安种水的条件下，一般在4月下旬或播种前10天左右起垄。

5. 覆膜

选用厚0.008毫米、宽90厘米强力微膜。在冬灌地块上，起垄后立即将垄面全部用地膜覆盖，防止跑墒。覆膜时地膜与垄面贴紧拉平，要求"紧、严、实"，每隔3~4米横压土腰带，防止大风揭膜。

6. 适期播种，合理密度

马铃薯适宜在气温稳定为10~12℃时播种，以免幼苗遭受晚霜的危害。一季作区以4月下旬至5月上旬播种为宜，最迟可于5月中旬播种。

不同品种播种密度不同，一般应掌握在行距30~50厘米，株距25~30厘米，每垄种两行，三角形点种，先覆膜后打孔播种或先播种后覆膜均可，每公顷保苗52500~60000株，播深15厘米左右。

（二）田间管理

1. 膜上覆土

在马铃薯播种后15~18天，即出苗前1周左右，苗距膜面2厘米前，在地膜上人工或机械覆土1~2厘米，避免地膜表面温度过高而烫苗，覆土后幼苗可以自然顶出，不用人工掏苗。在马铃薯苗高20厘米左右进行二次覆土，防止薯块露出见光变绿影响品质。

2. 追肥

根据土壤肥力状况及品种生长特性适量追施氮肥、钾肥，增强植株的长势，提高植株的抗病虫害能力。一般于雨后打孔施肥，肥应追施在离根系10厘米处，以免造成烧苗。

3. 防治病虫

针对马铃薯主要病虫害发生及危害的特点，做好以蚜虫、晚疫病为主的化学防治。马铃薯晚疫病发生较重时，应及早进行药剂防治，控制发病中心。

4. 地膜的清除

覆土后减轻了地膜的老化，机械采收时大多数地膜容易被机犁整条拉出，人工采收时应先将覆土除去再将地膜拽走，少数遗留的地膜仍需要彻底拣出，减少对土壤的污染。

5. 适时收获

马铃薯成熟时要及时收获，收获时要尽量避免块茎损伤，防止日光长时间暴晒，同时要防止雨淋和受冻，以免影响品质，降低收入。

注 意 事 项

一是覆膜时地膜与垄面贴紧拉平，要求"紧、严、实"，每隔3~4米横压土腰带，防止大风揭膜。二是根据地理需求及时追肥。三是对残膜实行回收处理，避免地膜造成土壤污染，降低耕地质量。

二、机械化高垄密植栽培技术

（一）机械化高垄密植的增产机理（见彩图9、彩图10）

（1）改善田间通风透光状况：推迟封垄，提高叶片光合作用的能力，延长叶片功能期，推迟、减轻病害发生，使植株生长健壮。

（2）培土方便：高培土能够增加结薯层数，为薯块膨大提供更大的生长空间，增加土壤养分通透性，为多结薯、结大薯提供了必要的条件。

（3）有蓄水聚肥的作用：中耕培土后，苗床高于空垄10厘米以上，能够接纳雨水，拦截地表径流。高培土把空垄的肥料集中到苗周围，有效地利用有限的肥力资源，为夺得高产提供了必需的肥水条件。

（4）排灌方便：特别是后期遇到连阴雨，雨水都控到空垄上，减少薯块浸泡时间，降低烂薯率。

（5）高培土：使薯块远离地表，不仅保证不出现青头，而且减少了收获前晚疫病菌侵染块茎的机会，降低薯块感病率，增加耐贮性，减少贮藏损失。

（二）机械化高垄密植主要技术措施

1. 更换良种

良种是增产的内因，是增产的关键。没有优良的品种，就不可能达到高产的目的。良种首先要高产、稳产。高产需要植株生长健壮，块茎膨大快，养分积累多；稳产必须具有良好的抗病性和抗逆力。适合机械化高垄密植栽培的品种有大西洋、晋薯14号、晋薯16号、同薯20号和同薯23号等。马铃薯易感染多种病毒，导致薯块变小、畸形、种薯退化等。因而建立以防治病毒为中心的良繁体系：茎尖脱毒—组织培养—病毒检验—微型薯生产—原原种繁殖—原种繁殖—良种繁殖的保种技术措施，才能使良种得到保证，为马铃薯持续稳定高产奠定基础。

2. 选种、切种、种薯处理

播种前20天对种薯进行选择，选用无病、无伤、整齐一致的健康种薯，淘汰畸形、不规则薯块。种薯出窖后，先在太阳下晒种3~5天，然后放入室内，在散射光下催芽，培养绿色短壮芽，播种前1天开始切种，要求芽块不小于40克，并使每个芽块尽量带顶端优势芽，切后平铺在地上，用0.5%高锰酸钾液喷雾杀菌，然后用草木灰拌种。

切种时，遇到病烂薯坚决淘汰，并用高锰酸钾或酒精消毒，防止病菌人为传播。该项技术的实施，可使马铃薯提早出苗3~5天，出苗率提高7.9%。据田间观察，日光晒种有杀真菌的作用，通过晒种可推迟和减轻晚疫病的发生。

3. 合理施肥

针对不同的土壤类型采取不同的施肥技术，以产量定肥料，配方施肥。每产1000千克马铃薯需纯氮5.8千克、磷2.5千克、钾10.8千克。通过土壤肥力测定，一般肥力的地块施腐熟的优质农家肥22500千克/公顷，并施马铃薯专用肥900千克/公顷，或用优质农家肥22500千克/公顷和尿素150千克/公顷、磷酸二铵300千克/公顷、硫酸钾375千克/公顷、硫酸锌60千克/公顷相结合施肥。并在现蕾期用0.2%的磷酸二氢钾叶面追肥，提高叶片光合作用的能力。

4. 改变耕作方式

用机械化大行密植代替传统的"满天星"，株距20厘米，行距90厘米，种植密度为52500株/公顷，采用大块播种，芽块不小于40克，播深10~12厘米。通过耕作方式的改变，促进植株生长健壮，推迟封垄期，延长叶片寿命，可以降低植株发病率7.2%~30%，降低烂薯率8.4%~21.7%。

5. 适当晚播

由于晋北地区雨季主要集中在7~8月，因此应该调整播种期，适当晚播，这样地温高，出苗快，苗期植株生长健壮，结薯期与雨季吻合，同时避开高温干旱期，有利于结薯，可增产7%~10%。

6. 加强田间管理

马铃薯田间管理的内容很多，主要目的是为幼苗、植株、根系、块茎的生长发育创造良好的条件。前期以"促"为主，后期以"保"为主，只有延长叶片功能期和植株寿命，才能保证获得高产。田间管理的措施不是一成不变的，它会随不同的土壤类型、不同的气候因素随时改变。主要采取"一晚四深""一保四早"等措施，田间管理以中耕培土为中心。马铃薯生长期的管理要"以早促早"，最好在结薯（开花）前，把改善生长发育的措施搞完，以后的管理以"保"为主，防病防虫，延长叶片功能期，延长植株寿命，保证植株正常生长发育。

（1）早中耕培土：培土要分次进行，第一次在刚出齐苗时进行，以松土、灭草为主，培土3~4厘米即可，第二次培土在现蕾期进行，要大量向苗根壅土，培土要厚而宽，高度在6厘米以上，两次一共可培土10厘米以上，使地下茎从芽块到地上茎基部有20厘米左右的厚度。早中耕可以虚地，提高地温，增加土壤通透性，增强微生物活性，加速肥料分解，满足植株生长对养分的需求，同时还可以不伤或少伤匍匐茎，创造多结薯、结大薯的条件。

（2）早追肥：追肥结合第一次中耕进行，促进壮苗，增加叶面积，追尿素225千克/公顷。试验证明，用同样数量的氮肥在苗期、现蕾期、开花期追施，增产效果分别是17%、12.4%、9.1%。

（3）早浇水：马铃薯开花时，正好进入结薯期，需水量很大，有时靠自然降雨不能满足薯块膨大的需求，需要再进行人工浇灌。个别地块在出苗后30~40天，株高就达70厘米，为防秧子疯长，用多效唑（PPP333）150毫克/升液喷雾，控制株高，防止倒伏，效果很好。通过喷施多效唑（PPP333），可以促进提前结薯，增产7%以上。

（4）早防病虫害：马铃薯防治的重点病害是晚疫病，防治晚疫病的措施要提早进行。从7月初开始，每隔7~10天喷施防晚疫病药剂1次，连续3~5次。虫害主要以防蚜虫为主，一般用抗蚜威、灭蚜净等高效低毒、低残留的药物为主。防治地下害虫，用呋喃丹或锌拌磷30千克/公顷，在播种前翻入地下。

7. 收获及贮藏

在9月下旬，植株枯黄，部分植株正常死亡后，要选择晴好天气及时收获，并按大小分级。收获的薯块不能淋雨，不能暴晒，不能受冻，不能用残枝败叶覆盖，要放在避光通风处晾干，待马铃薯表面水分蒸发后，剔除病、烂、伤薯，装袋贮藏，要求黑暗保存，温度以7~10℃为宜。

三、膜下滴灌配套栽培技术

（一）膜下滴灌配套栽培技术概述

马铃薯是山西省的优势作物，在农民增收和农业增效中具有举足轻重的地位。但由于水资源的严重短缺，限制了该地区马铃薯产量的提高和地区资源优势的充分发挥。因此改进滴灌技术，提高水分生产率是马铃薯生产中急需解决的问题。

针对马铃薯膜下滴灌栽培技术存在的问题，在连续几年进行了马铃薯膜下滴灌栽培技术增产效应、膜下滴灌灌溉频率、膜下滴灌适宜密度、膜下滴灌土壤水分的动态变化规律、膜下滴灌施肥技术等的试验研究后，组装集成了以脱毒种薯、科学施肥、合理密植、适时适量滴灌、病虫害综合防控、滴灌系统的合理使用和维护等为核心技术的马铃薯膜下滴灌配套栽培技术，通过技术培训和技术示范，该项技术先进实用，不仅具有明显的增产效果，而且具有显著的节水效果，具有重要的应用价值。

（二）膜下滴灌配套栽培技术要点

1. 滴灌设备安排

新建滴灌田应在前一年秋季上冻前，将地下主管道铺设好，第二年春季安装首部，包括过滤器、水表、空气阀、安全阀、球阀、施肥罐、电控开关等首部设备。播种时铺灌溉带，播种后铺设地上主、支管，然后进行管道连接。

2. 选地轮作

选择土层深厚、质地疏松、通透性好的轻质壤土、沙壤土或沙土地种植。土壤酸碱度在pH5~8的范围内。农田较为开阔平整。

前茬为未播种过马铃薯的莜麦、小麦等谷类作物。

3. 整地施肥

阴山以北地区冬春季节降雨少，风多风大，土壤水分丧失多。近些年的实践表明，秋翻地土壤失墒严重，大部分地区在播种前进行深耕整地。耕翻地深度要达到30~35厘米。翻地深浅要一致，无漏翻现象。结合翻地，每公顷施充分腐熟的优质农家肥15000~22500千克。耕翻耙平后随即进行播种。

4. 选择优良品种和优质脱毒种薯

根据生产目的和市场需求，选择不同的马铃薯品种。商品薯有晋薯16号、同薯23号、克新1号、冀张薯8号、大同里外黄、青薯9号等；薯条、薯片和全粉加工型品种有夏坡蒂、大西洋；为冬作地区提供种薯的可以选择费乌瑞它。无论选种哪个品种，都要选择优质脱毒马铃薯原种或一级种薯，每公顷用种量为2250~2550千克。

5. 种薯催芽、切块和药剂拌种处理

种薯应进行严格挑选。将带病的种薯严格剔除。若种薯尚未发芽，应先在临时贮藏的较大空房内放置1周左右。此期间应防止低温冻害，晚上加盖防冻。通风、保湿条件要好。待芽露头，芽长0.5厘米内开始切种。播前1~2天

切种，每个切块上带2~3个芽眼，切块大小40~50克。50克左右的整薯不切。切块大小应均匀一致。切块时切刀用75%酒精浸蘸消毒，做到一薯一消毒，即每切一个种薯，消毒一下切刀，两把切刀轮换用，遇到病薯，立刻换刀、消毒。酒精消毒液始终保持75%的浓度。切好的种薯及时进行药剂拌种，按滑石粉：甲基托布津：农用链霉素：种薯=15千克：1.2千克：0.1千克：1000千克的比例进行拌种。拌后晾干装网袋小垛摆放，保持良好的通风、遮阴及湿度，促使伤口愈合，1~2天后播种。

6. 播种

4月20日至5月20日进行播种。采用播种铺带喷药覆膜一体机，将开沟、施种肥、播种、沟喷药、铺滴灌带、覆膜一次性完成。宽窄行播种，宽行行距60~110厘米，窄行行距40厘米，株距25~38厘米。滴灌带铺设在两个窄行中间。地膜宽75~130厘米，每公顷播种52500株，播种深度为8~10厘米。随开沟播种，随用25%的阿米西达45~60毫升对水50千克喷施在播种沟内，然后覆土。播种的行距也可根据播种机的型号灵活掌握。

播种时每公顷施氮、磷、钾复合肥（12：16：20）375千克，磷酸二铵375千克，硫酸钾375千克，碳铵450千克。

播前要反复测试播种密度，保证没有重播漏播现象。播种时播种机上应配备1~2人，随时观察播种机情况，调节播种碗内种薯数量。机器漏挖种时应人工及时补上，以保证播种密度。播种深浅和覆土要一致。播种机要走正播直，以免影响以后的中耕和收获作业质量。播种时，需有一人跟在机械后，每隔4~5米在地膜上横向压一条土带，以防地膜被风掀起。还要及时检查地膜有无破损或未覆上土，若有应及时进行封堵。

7. 中耕培土

马铃薯播后20天左右进行一次中耕培土。将大行间的土培在播种行上，便于马铃薯芽顶破膜出苗。此外，兼有疏松行间土壤、减少蒸发、接纳雨水、防除杂草的作用。培土厚度需掌握在2~3厘米。

8. 查苗放苗

马铃薯出苗期间要及时查苗放苗，防止被地膜烧苗。

9. 合理追肥

马铃薯齐苗后即可随滴灌追施氮、钾肥。选择溶解性好的氮、钾肥料，如硝酸钾、尿素、硫酸钾、水溶性复合肥和液体肥料，分次追肥。苗期追施尿素5千克，分两次滴入。开花期开始追施硝酸钾，每次3~4千克，共追施15千克。施肥时，首先滴两小时清水，以湿润土壤，再滴1.5~2小时肥液，最后滴1~2小时清水，以清洗管道，防止堵塞滴头。再次施肥时先打开施肥罐的盖子，加入肥料。若是固体肥料，其加入量控制在施肥罐容积的1/2以内，若是提前溶解好的肥液或者液体肥料，加入量控制在施肥罐容积的2/3以内，然后注满水，用木棍搅拌均匀，盖上盖子，拧紧盖子螺栓，打开施肥罐水管连接阀，调整首部出水口闸阀开度，开始追肥。每罐肥一般需要20分钟追完。根据土壤养分和植株生长情况，在开花后可采用含有锌、锰、硼等微量营养元素的微肥进行叶面喷施，连续喷施2~3次。

10. 合理滴灌

播后视土壤情况进行滴灌。选择滴头间距为30厘米，滴头流量为1.38~1.5升/小时的滴灌管，视降雨情况进行滴灌，一般播后视土壤墒情滴灌一次，灌水量为120~150立方米/公顷，土壤湿润深度为15~20厘米；现蕾至开花初，滴水2~3次，每次滴水量为150~225立方米/公顷，土壤湿润深度为30~40厘米；盛花期滴水4次，每次滴水量为150~225立方米/公顷，土壤湿润深度为40~50厘米；开花结束后滴水一次，滴水量为150~225立方米/公顷，土壤湿润深度为30~40厘米。全生育期滴灌8~10次，灌溉定额一般为1200~1800立方米/公顷。生长期间经常检查滴灌管的畅通与否以及各滴头滴灌的均匀程度，检查坡顶与坡尾、管头与管尾的滴头滴灌是否均匀，发现问题及时解决。收获前半个月停止滴灌。

11. 喷药防控病虫害

于6月下旬至7月上旬视植株生长情况和天气情况定期喷施杀菌剂，防治早疫病和晚疫病。常用的杀菌剂有安泰生、克露、大生、金雷多米尔、世高、银法利、福帅得、可杀得等。喷药要均匀一致，防止喷漏或喷头堵塞。齐苗后用甲基立枯磷随滴灌进行灌根处理，或进行叶面喷施，防治黑胫病和枯萎病。如有草地螟、斑螯等虫害发生时，也应及时喷药防治，可喷施功夫、艾美乐、阿克太等杀虫剂进行防治。

12. 收获

收获前10~15天采用机械杀秧。选晴天收获。收获前将地面的主管、支管收起，并破开地膜将滴灌带机械收回，盘成卷，拉出地外。收获过程尽量避免机械损伤，收获的块茎大小分级后挑拣装袋，就地销售或入窖贮藏。

注意事项

1. 马铃薯膜下滴灌配套栽培技术在推广过程中应特别注意滴灌铺设长度控制在80~120厘米，保证滴灌的均匀度。选用优质脱毒种薯。

2. 保证播种质量（播种深浅、播种均匀度等）和播种密度，防止重播和漏播。

3. 播种时务必采用阿米西达进行沟喷药。

4. 苗前及时中耕培土放苗，防止烧苗。

5. 生长期间及时防治早疫病、晚疫病和枯萎病。

6. 选择质量好的滴灌管，防止裂口。

7. 随时检查滴灌管的畅通与否以及各滴头滴灌均匀程度，检查坡顶与坡尾的滴头滴灌是否均匀，每次滴灌水量掌握在与下层湿润土层相接，又未见地面湿润面积扩大到垄间等。

四、间作套种技术

（一）间作套种的好处

1. 增加复种指数，提高经济效益

马铃薯与其他作物进行间作套种，可变一年一作为一年两作，或变一年两作为一年三作或四作，从而大大增加单位面积的经济效益。如马铃薯、玉米、马铃薯套种模式，以收获马铃薯为主，兼收一季春玉米。

马铃薯与棉花套种模式，可以使马铃薯与棉花获得双高产。因为棉花为一年一作，春播秋收，土地利用率较低，春季套种一茬马铃薯，对棉花产量无影响，却可多收一茬马铃薯，从而提高了土地利用率。实行套种后，产值比单种一种作物要高得多。

2. 充分利用自然资源，提高土地利用率

间作套种可以充分利用土地资源和太阳能资源。间作套种的作物之间播种和收获时间不同，因而可以提早或延长土地及光能的利用。例如，春马铃薯出苗期和幼苗生长期较长，可以利用这段时间在马铃薯沟内套种耐寒速生蔬菜。

3. 延缓病虫发生，减轻危害程度

据观察，马铃薯与棉花套种时，可推迟棉蚜发生期；与玉米套种时，马铃薯块茎的地下害虫咬食率下降76%左右；由于根系对细菌侵染的障碍作用，可使马铃薯细菌性枯萎病的感染率由纯作的8.8%下降到2.1%~4.4%。

（二）间作套种的技术要求

1. 选择合适的间作套种作物

在进行马铃薯的间作套种时，首先应选择合适的间作套种作物。选择原则是，用于间套的作物在生长中与马铃薯之间互不影响，既能充分利用土地，又不相互遮光，既要考虑季节、茬口的安排，又要考虑两种作物的共生期长短。

2. 合理安排田间布局

田间布局是指几种作物在地面空间的配置。空间的安排应使作物之间相互遮光的程度减少到最低，而单位面积上的光能利用率达到最高，有利于马铃薯的培土，减少作物之间的用水冲突，保证田间通风良好，合理利用土壤水分，方便收获，保证种植密度与纯作时相当或略有降低。

3. 充分利用马铃薯的优势

间作套种要选用早熟、高产、株形矮、分枝少的马铃薯品种。提倡催芽、催大芽播种，以促进生育进程。适期早播种，采用地膜覆盖或小拱棚覆盖栽培。必要时喷施植物生长调节剂，如矮壮素、多效唑等，以控制茎叶生长。

（三）间作套种模式

1. 马铃薯—玉米—秋马铃薯

该模式以80厘米为1条种植带，在带内种2行（培成一个垄）马铃薯，小行距15厘米，株距30厘米。垄沟内种1行玉米。春薯收获后，平整垄沟，于秋季播种1行马铃薯，密度与春节栽培相同。

马铃薯选用早熟品种，玉米选用穗大、单株产量高的品种。每公顷施优质有机肥75000千克、硫酸钾750千克。马铃薯于2月中旬催芽，3月上旬播种，培垄后覆盖地膜。玉米于5月上旬在马铃薯沟内播种，株距20厘米。秋马铃薯于7月中旬催芽，玉米行间每公顷施有机肥37500千克、复合肥600千克，于8月10日前播种。

玉米田间管理以追肥及治虫为主。追肥可分苗肥、攻穗肥和攻粒肥3次进行，追肥量分别占追肥总量的40%、50%和10%。追肥后应酌情浇水。苗期要防治钻心虫和蓟马。穗期防治玉米螟，可用1.5%辛硫磷0.25~0.5千克拌细沙7.5千克，撒入玉米植株喇叭口内。花粒期要防治玉米蚜。

马铃薯田间管理以中后期浇水为主。同时于蕾期喷一次100毫克/千克多效唑，防止植株徒长。

2. 马铃薯—玉米模式一（见彩图11）

马铃薯带宽90厘米，种2行，株距30厘米，中间种1行玉米，株距为

18~20厘米。

马铃薯选择60天的优质早熟品种；玉米选择中晚熟品种。马铃薯宜在4月中旬播种，播种前起垄高10厘米，覆膜，每公顷播种量为2250千克，马铃薯种块用草木灰拌种，7月上旬收获；玉米在4月上旬播种，每公顷播种量为15~22.5千克，9月下旬收获。

马铃薯田间管理应在开花初期结合灌水，每公顷追施尿素75千克、二铵75千克；后期每公顷用磷酸二氢钾2250克、乐果750克、甲霜铜750克，对水750千克叶面喷雾，用以补磷、钾，灭蚜虫，保绿叶，防治晚疫病。

玉米田间管理6月下旬每公顷追施尿素300千克（秋肥），7月下旬每公顷追施尿素150千克（粒肥）。7月中旬每公顷用敌杀死150~225毫升防治玉米黏虫；7月下旬和8月上旬每公顷用代森锰锌2250克加杀螨特300毫升对水450千克喷雾，防治玉米大、小斑病和二斑叶螨。

3. 马铃薯—玉米模式二

马铃薯玉米行间比为2∶2，马铃薯为单行垄作，株距为25厘米，行距80厘米，玉米为双行覆膜平作，株距为40厘米，行距40厘米。

玉米一般选用鲜食玉米品种，能够早上市，且经济效益高。马铃薯选择株形紧凑、耐荫性强、销路好的品种。

在每公顷施农家肥22500~37500千克作基肥的基础上，马铃薯每公顷施磷酸二铵375千克、尿素225千克、硫酸钾75千克，玉米每公顷施磷酸二铵750千克，5叶期追施苗肥（每公顷施尿素225千克），大喇叭口期追穗肥（每公顷施尿素225千克）。马铃薯出苗一个月左右第一次灌水、中耕、培土，间隔一个月后，马铃薯团棵期进行第二次中耕、培土。

间套作栽培田间环境有利于马铃薯晚疫病的发生，应及时进行药剂防治2~3次。

4. 马铃薯—棉花（见图3-1）

该模式以170厘米为一种植带。先播种两行马铃薯，行距65厘米，株距20厘米，每公顷播种58500株；到棉花适期播种时，播种两行棉花，行距40厘米，株距18厘米，每公顷播种63000株左右。

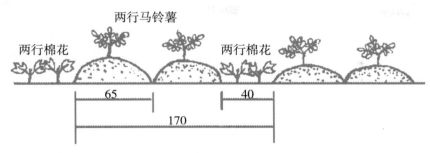

图3-1 马铃薯与棉花套种模式示意图（单位：厘米）

为缩短马铃薯、棉花共生期，马铃薯应适当早播，地膜覆盖栽培时于3月初播种，棉花则应于适播期晚播5~7天。

马铃薯提前催大芽（芽长1.5~2厘米）播种，播种时造好底墒，培土厚度5~8厘米。出苗后及时中耕培土，播种棉花前再培土一次。马铃薯收获后，及时将茎叶压入土中作绿肥，同时给棉花培土，并进行植株调整。

5. 马铃薯—甘蓝（见图3-2）

该模式种植带宽120厘米，垄沟式种植，垄高15~18厘米，垄背宽20厘米，垄沟宽60厘米。垄上种1行马铃薯，株距22厘米，栽苗33000株/公顷左右，垄沟内栽2行春甘蓝，行距40厘米，株距33厘米，栽苗43500株/公顷。

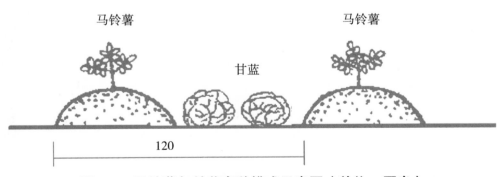

图3-2 马铃薯与甘蓝套种模式示意图（单位：厘米）

马铃薯于4月上旬播种，施足底肥，一次性培好垄。于4月下旬定植甘蓝，并进行地膜覆盖。甘蓝在浇足定植水的情况下，缓苗前一般不再浇水。

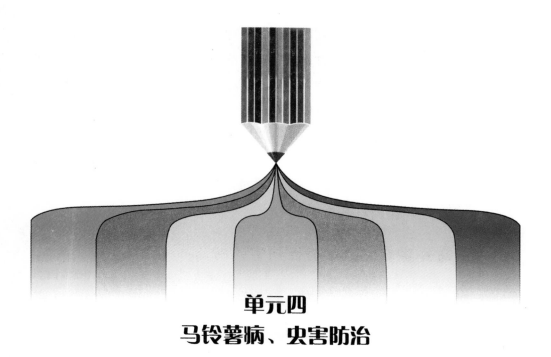

单元四
马铃薯病、虫害防治

单元提示

1. 识别马铃薯病害、虫害症状

2. 辨别出马铃薯生理病害的症状特征

3. 掌握马铃薯病害、虫害防治措施

4. 掌握马铃薯生理病害防治措施

马铃薯是个多病作物。在切种、催芽播种、生长发育、收获、运输、贮藏等过程中，随时都会遭受多种病毒病、真菌和细菌病害、虫害及生理病害等的侵染。病、虫害的发生与流行，不仅损坏植株茎叶，影响产量，还直接侵染块茎，轻者降低质量，重者使块茎腐烂，造成更大的损失。由于各种病虫害的广泛存在，日渐积累而成为限制我国马铃薯增产的主要障碍，使得人们普遍感受到，马铃薯的全部生产活动，在一定程度上可以说是与病虫害进行斗争的过程。因此，要充分发挥马铃薯固有的丰产特性，提高我国马铃薯单产，必须采取有效措施防治病虫害。

一、马铃薯真菌、细菌性病害的防治

（一）晚疫病

1. 病症识别（见彩图12、彩图13、彩图14）

在田间识别晚疫病，主要是看叶片。一般在叶尖或边缘出现淡褐色病斑，病斑周围具浅绿色晕圈。湿度大时，病斑迅速扩大，呈褐色，产生一圈白霉（孢囊梗和孢子囊），叶背最为明显。干燥时，病斑变褐干枯，质脆易裂，不见白霉，扩展慢。叶柄和茎上也会出现黑褐色病斑和白霉。块茎症状为局部的浅层干腐，薯块表面呈凹陷淡褐色病斑，病斑下面的薯肉有不同深度的褐色坏死。

2. 传播途径

晚疫病是一种真菌病害。在播种时把轻微感染晚疫病的芽块播进地里，芽块上的菌丝体便随幼芽、芽条和植株向上发展，当遇到空气湿度连续在75%以上，气温在10℃以上的条件时，叶片上就出现病状，形成中心病株，病叶上产生的白霉（孢子梗和孢子囊）随风、雨、雾、露和气流向周围植株上扩展。有一部分落在地上，进入土中，侵染正在生长的块茎。这样循环往复，不断传播。科学家发现，晚疫病还能产生有性孢子。有性孢子可以在土壤中的残体里存活，形成侵染源。

有时虽然发生了中心病株，但由于天气干旱，空气干燥，湿度低于75%

或不能连续超过75%，便不能形成流行条件，被侵染的叶片枯干后病菌死亡，因而就不会大面积流行。

3.防治方法

①选用抗病品种。一般株形直立、叶片小而茸毛多、叶肉厚、叶色深绿的品种，晚疫病抗性较强。晋薯14号、晋薯15号、同薯23号、青薯9号、冀张薯8号等品种晚疫病抗性较强。

②降低菌源，减少中心病株发生。种薯入窖前，除充分晾晒和挑选外，还可用75%百菌清、72%克露、25%甲霜灵等药液喷一下，尽量杀死附在种薯上的晚疫病真菌。播种前，对芽块再用上述药剂进行处理。

③轮作倒茬。可与小麦、大豆、玉米等作物倒茬，实行2~3年以上轮作。通过合理轮作减少病菌数量、减轻有害生物造成的损失。

④深种深培，减少真菌侵染薯块机会。种薯播种时，深度要保证在10厘米以上，并分次培土，厚度也要超过10厘米。块茎埋在5厘米以下的土中，不但有利于芽苗生长，还可对块茎起到保护作用，使真菌不易侵染到块茎上，因而减少烂薯损失，降低块茎带菌数量，间接起到减少下一年田间中心病株的作用。

> 中国农业科学院防治方案：回暖后视降雨和空气湿度情况（日均气温10~25℃、空气相对湿度80%以上，连续5天）每隔7~10天防治一次。第一次喷施甲氨基丙酸脂类化合物（25%阿米西达30~40毫升，对水50千克），第二次喷施800倍液的72.2%霜霉威（普力克），第三次视情况可喷施银发利（每公顷用量1050~1200毫升）或53%金雷多米尔（每公顷用量1500~2250克）等，一般三次即可。

⑤进行药剂防治，保护未感病茎叶。进行药剂防治，必须有较准确的晚疫病发生发展的预报，才能收到较好的防治效果。药剂对晚疫病只有预防和控制作用，没有治愈的功能。要提前用药，做到防病不见病，才是最佳效

果。所以用药要讲究时机，时机准，防效才高。一般在中心病株发现前3~5天打第一次药，以后每隔7~10天打一次。根据天气情况，打3~4次药，病情就可以得到控制。同时，还要连片打药，统一防治。如果有没打药的地块，一旦出现了中心病株或流行病害，就会成为其他马铃薯田的侵染源，影响防治效果。

⑥使用早熟品种，适时早播。北方晚疫病多在7月下旬以后发生，如果选用早熟品种，再适期早播，那么7月中旬便可基本成熟，这就可以避开晚疫病的流行时间，从而减少损失。

⑦必要时提前割秧，减少病菌落地。在晚疫病流行年份，如果田间大部植株已感病，没有挽救希望，要立即割掉秧子，运出地外。这样不仅减少病菌落地，还可通过阳光暴晒，把落到地上的病菌杀死，从而减少薯块的感染率。

⑧加强栽培管理。适期早播，选土质疏松、排水良好田块，促使植株健壮生长，增强抗病力。

⑨做好窖藏。在晚疫病流行之年，常发生烂窖现象。所以，做好窖藏工作也是防治晚疫病的重要一环。马铃薯收获后，应在通风透光之处，将块茎摊开，进行风晾。这是因为收获时块茎表面黏附了大量病菌，一有适宜的湿度，便会发生侵染。风晾2~3天可使块茎表皮得以迅速干燥，有助于打破病菌侵染所需要的高湿条件。在贮藏期间，应定期下窖检查，随时将病薯拣出，以保持窖内清洁，减少腐烂病原。

（二）早疫病

1. 病症识别（见彩图15）

早疫病在田间最先发生在植株下部较老的叶片上。开始出现小斑点，以后逐渐扩大，病斑干燥，为圆形或卵形，受叶脉限制，有时有角形边缘，病斑通常是有同心的轮纹，像树的年轮，又像"靶板"。新老病斑扩展，会使全叶褪绿、坏死和脱水，但一般不落叶。块茎上的病斑，黑褐色、凹陷，呈圆形或不规则形，周围经常出现紫色凸起，边缘明显，病斑下薯肉变褐。腐烂时如水浸状，呈黄色或浅黄色。

2. 传播途径

早疫病也是真菌病害。早疫病真菌在植株残体或被侵染的块茎上或其他茄科植物残体上越冬。病菌可活1年以上。第二年马铃薯出苗后，越冬的病菌形成新分生孢子，借风雨、气流和昆虫携带，向四周传播，侵染新的马铃薯植株。一般早疫病多发生在块茎开始膨大时。植株生长旺盛则侵染轻，而植株营养不足或衰老，则发病严重。所以，在瘠薄地块的马铃薯易得早疫病。在高温、干旱条件下，特别是干燥天气和湿润天气交替出现期间，早疫病发生和流行最迅速。

3. 防治方法

①实行轮作倒茬，清理田园，把残株败叶运出地外掩埋，以减少侵染菌源，延缓发病时间。

②选用早熟耐病品种，适当提早收获。

③选择土壤肥沃的高燥田块种植，增施有机肥，推行配方施肥，提高寄主抗病力。施足肥料，加强管理。使植株生长健壮旺盛，增加自身抗病能力。

④进行药剂防治。根据病情控制情况，灵活连续喷施。如果病情已经很严重，喷药也就不起作用了。发病前开始喷洒75%百菌清可湿性粉剂600倍液，或64%噁霜灵·锰锌可湿性粉剂500倍液、40%克菌丹可湿性粉剂400倍液、1:1:200波尔多液、77%氢氧化铜可湿性微粒粉剂500倍液，隔7~10天1次，连续防治2~3次。

（三）黑痣病

1. 病症识别

黑痣病可以危害幼芽、茎基部、匍匐茎及块茎。幼芽染病，出土前腐烂形成芽腐，造成缺苗，条件适宜可以从腐芽下长出侧芽，形成小苗。茎基部感染，茎基形成褐色凹陷斑，直径1~6厘米，严重的形成环形病斑，茎基部开裂；地温低、湿度大时病斑上或茎基部常覆有白色菌丝层，轻者症状不明显，重者叶片卷曲、坏死，心叶节间较长，有紫红色色素出现，特别严重的会造成立枯或顶部萎蔫，甚至全株死亡；有的茎基部产生气生薯。

如果匍匐茎侵染，匍匐茎上也会形成褐色凹陷斑，有时会产生许多无经济价值的小马铃薯，严重的匍匐茎上会形成菌核，湿度较大时匍匐茎会腐烂断裂。

块茎感染表面生出大小不等形状各异的块茎或片状、散生或聚生的黑褐色菌核。

2. 传播途径

该病菌以菌丝体的形式可随植物残体在土壤中越冬，也可以菌核形式在块茎上或土壤里存活过冬。第二年当马铃薯播种后，在适宜的温湿度下，病菌侵染幼芽，并迅速在细胞内扩散，进入皮层和导管组织，从芽条基部产生的侧枝也可被病菌侵染。在生长季节又可侵染近地表的茎、地下茎、匍匐茎和块茎。该病菌能在较大温度范围内生长，菌核在8~30℃之间皆可萌发。担孢子萌发的最适温度为23℃，低温潮湿的环境利于该病的发生。最适宜该病害发展的土壤温度为18℃。当外界条件不适宜快速出苗时，如低温和土壤过湿，它会对幼芽产生极大的危害。

3. 防治方法

①种薯选择。选用无病种薯，培育无病壮苗，建立无病留种田。适当选用早熟品种能够减轻该病害的发生。

②农业防治。由于菌核能长期在土壤中越冬存活，可与小麦、玉米、大豆等作物倒茬，实行三年以上轮作制，避免重茬。只有长时间地与谷物类或牧草类轮作，才能降低该病害发生。

注意地块的选择，应选择地势平坦，易排涝，以降低土壤湿度。出苗前应尽量减少灌溉，合理控制土壤湿度。

适时晚播和浅播，以提高地温，促进早出苗，减少幼芽在土壤中的时间，减少病菌的侵染。一旦田间发现病株，应及时拔除，在远离种植地块处深埋，病穴内撒入生石灰等消毒。

收获期马铃薯植株地上部分枯萎后，迅速收获新的马铃薯块茎。

③生物防治。木霉菌对立枯丝核菌类的病害具有良好的防病效果。运用木霉和双核丝核菌处理马铃薯种薯和土壤，能够有效控制黑痣病（地下茎、匍匐茎和块茎）的发生。

④化学防治。种薯可用满穗（噻呋酰胺）拌种20毫升加1千克水拌种150

千克，或3%的大生M-45加2%的甲基托布津+95%的滑石粉混合剂，每千克混合剂处理100千克种薯。播种时用25%阿米西达悬浮剂（嘧菌酯）600~900毫升/公顷或甲基立枯磷600~900毫升/公顷喷施在播种沟内。播种后覆土。在出苗后发现有部分植株出现缺肥症状，观察地下茎，如有褐色病斑，叶面喷施甲基立枯磷900毫升/公顷加水450千克。

（四）疮痂病

1.病症识别（见彩图16）

危害马铃薯块茎，块茎表面出现近圆形至不定形木栓化疮痂状淡褐色病斑或斑块，手摸质感粗糙。通常病斑虽然仅限于皮层，但被害薯块质量和产量仍可降低，不耐贮藏，且病薯外观不雅，商品品级大为下降。马铃薯块茎表面先产生褐色小点，扩大后形成褐色圆形或不规则形大斑块，因产生大量木栓化细胞致表面粗糙，后期中央稍凹陷或凸起呈疮痂状硬斑块。病斑仅限于皮部不深入薯内，别于粉痂病。

2.传播途径

马铃薯疮痂病病菌一般在种薯上越冬，或在土壤中腐生。病土、带菌肥料和病薯是主要的侵染源。病菌一般经由土壤气孔从马铃薯表皮皮孔或伤口侵入，但在马铃薯块茎表皮木栓化后侵入较难。马铃薯疮痂病在土壤高温干燥情形下适宜发病，适宜发病温度为20~30℃。中偏微碱性沙壤土发病严重，pH值5.2以下土壤很少发病。白色薄皮品种易感病，褐色厚皮品种较抗病。

3.防治方法

①种子消毒。播前用40%福尔马林120倍液浸种4分钟。

②农业防治。选用无病种薯，一定不要从病区调种。多施有机肥或绿肥，可抑制发病。与葫芦科、豆科、百合科蔬菜进行5年以上轮作。选择保水好的菜地种植，结薯遇干旱应及时浇水。

③适当施用酸性肥料和增施绿肥，可抑制发病。播前沟施50%五氯硝基苯毒土（30~45千克/公顷，拌细土750~1125千克配成毒土）。

④药剂防治。72%农用链霉素可溶性粉剂5000倍液，或新植霉素（100万单位）5000倍液，或45%代森铵水剂900倍液，或DT可湿性粉剂500倍液，

或DTM可湿性粉剂1000倍液，或50%加瑞农可湿性粉剂600倍液每隔7~10天一次，连续喷2~3次。

（五）干腐病

1. 病症识别

属贮存期病害。发病初期仅局部变褐稍凹陷，扩大后病部出现很多皱榴，呈同心轮纹状，其上有时长出灰白色的绒状颗粒，即病菌子实体。剖开病薯可见空心，空腔内长满菌丝，薯内则变为深褐色或灰褐色，终致整个块茎僵缩或干腐，不堪食用。

2. 传播途径

病菌以菌丝体或分生孢子在病残组织或土壤中越冬。多系弱寄生菌，从伤口或芽眼侵入。病菌在5~30℃条件下均能生长。贮藏条件差，通风不良易发病。

3. 防治方法

①生长后期注意田间排水和控水，收获前20日内严禁灌水。晴天收获，避免块茎表皮受伤。

②机械收获易伤表皮，入窖前块茎充分晾干后入窖贮藏。

③贮藏期间，保持通风，避免雨淋，温度以1~4℃为宜，发现病烂块茎随时清除。

④发病初期及时进行药剂防治，可选用58%的甲霜灵锰锌可湿性粉剂400倍液处理，防治效果为58.89%，可有效缓解马铃薯块茎干腐病的扩展蔓延。生长中期施"多钙镁"。马铃薯窖消毒每立方米用15克硫黄熏。

⑤随着钙浓度的增加，在收获、运输和贮存过程中马铃薯块茎碰伤较少，所以生长期要加施钙肥，不仅可以增产，薯块含钙量较高可提高薯块表皮抗擦伤的能力、抗病菌入侵能力和抗贮藏期腐烂出现的腐烂现象，延长储藏期。

（六）枯萎病

1. 病症识别（见彩图17）

发病初期地上部出现萎蔫，剖开病茎，薯块维管束变褐，湿度大时病部常产生白色至粉红色菌丝。

2. 传播途径

病菌以菌丝体或厚垣孢子随病残体在土壤中或在带菌的病薯上越冬。翌年病部产生的分生孢子借雨水或灌溉水传播，从伤口侵入。田间湿度大、土温高于28℃时，重茬地、低洼地易发病。

3. 防治方法

①预防为主与禾本科作物或绿肥等进行4年轮作。

②选择健薯留种，施用腐熟有机肥，加强水肥管理，可减轻发病。

③提高植株抗病性能用多元微肥拌种和叶面喷施并且施用钙肥（多钙美、硝酸钙）。

④必要时浇灌12.5%增效多菌灵浓可溶剂300倍液。

（七）粉痂病

1. 病症识别（见彩图18）

粉痂病只发生于马铃薯的地下部位，受害块茎最初在表皮上出现针头大小、微微隆起的褐色病斑，6~8天后逐渐扩大成明显的疮痂，直径可达0.5厘米，病斑周围常有一个半透明、边缘清楚、宽1~2毫米的晕环，但表皮不破裂。随后，疮痂的和褐色消失，病组织呈胶体状，内含大量黄褐色的孢子球。由于疮痂继续生长的结果，表皮破裂，散发出浅褐色粉团，此乃病菌的孢子球，皮下组织呈橘红色，病部凹陷，露出空洞，形成粉痂状。

2. 传播途径

病菌以休眠孢子囊球随种薯或病残体越冬。病薯和土中病残体为病害的初侵染源，远距离传播主要依靠种薯，田间传播主要通过浇水、病土、病肥等。休眠孢子囊在土中可存活4~5年，条件适宜时萌发产生游动孢子，游动孢子静止后成为变形体，由根毛、皮孔或伤口侵入，寄主生长后期在病组织内形成海绵状孢子囊球，病组织溃解，休眠孢子囊球又落入土中越冬或越夏。土温18~20℃，土壤湿度90%左右，pH4.7~5.4适宜病菌生长发育，田间发病较重。马铃薯生长期降雨多、夏季凉爽利于发病。病害轻重主要取决于初侵染数量和程度。

3. 防治方法

①实行检疫。马铃薯粉痂病目前仅在我国南方马铃薯产区的某些地方发生。因为种薯是向外传播的重要媒介，一方面应摸清情况，划定疫区，一方面要应用完善的检疫手段，履行检疫制度，严禁病薯外调，以防止病区的进一步扩大。

②精选种薯。在病害发生地区，应逐个挑选洁净无疵、外形整齐、无任何病象的块茎作种。选用脱毒种薯，建立无病留种田。在留种田采取必要的措施，实行小面积的土壤消毒，为大田生产无病种薯。

③进行轮作。鉴于病菌能够在土壤中腐生5年之久，土壤成了病菌年复一年传播的主要媒介，因而在病害发生地区，应实行马铃薯与豆类或谷类作物4~5年的轮作。

④选用抗病品种。

（八）叶枯病

1. 病症识别

此病主要危害叶片，多是生长中后期下部衰老叶片先发病，从靠近叶缘或叶尖处侵染。初形成绿褐色坏死斑点，以后逐渐发展成近圆形至V字形灰褐色至红褐色大型坏死斑，具不明显轮纹，外缘常褪绿黄化，最后致病叶坏死枯焦，有时可在病斑上产生少许暗褐色小点，即病菌的分生孢子器。有时可侵染茎蔓，形成不定形灰褐色坏死斑，后期在病部可产生褐色小粒点。

2. 传播途径

病菌以菌核或以菌丝随病残组织在土壤中越冬，也可在其他寄主残体上越冬。条件适宜时通过雨水把地面病菌冲溅到叶片或茎蔓上引起发病。以后在病部产生菌核或分生孢子器借雨水或浇水扩散，进行再侵染。温暖高湿有利于发病。土壤贫瘠、管理粗放、种植过密、植株生长衰弱的地块发病较重。

3. 防治方法

①选择较肥沃的地块种植，掌握适宜的种植密度。

②增施有机肥，适当配合施用磷、钾肥。生长期加强管理，适时浇水和追肥，防止植株早衰。

③必要时进行药剂防治，发病初期选用70%甲基硫菌灵可湿性粉剂600倍液、50%异菌脲可湿性粉剂1000倍液、80%代森锰锌可湿性粉剂800倍液、40%多硫悬浮剂400倍液、45%噻菌灵悬浮剂1000倍液喷雾。

（九）黄萎病

1. 病症识别

发病初期由叶尖沿叶缘变黄，从叶脉向内黄化，后由黄变褐干枯，但不卷曲，直到全部复叶枯死，不脱落。根茎染病初症状不明显，当叶片黄化后，剖开根茎处维管束已褐变，后地上茎的维管束也变成褐色。块茎染病始于脐部，维管束变浅褐色至褐色，纵切病薯可见"八"字半圆形变色环。

2. 传播途径

该病是典型土传维管束萎蔫病害。病菌以微菌核在土壤中、病残秸秆及薯块上越冬，翌年种植带菌的马铃薯即引起发病。病菌在体内蔓延，在维管束内繁殖，并扩展到枝叶，该病在当年不再进行重复侵染。病菌发育适温19~24℃，最高30℃，最低5℃，菌丝、菌核60℃经10分钟致死。一般气温低，种薯块伤口愈合慢，利于病菌由伤口侵入。从播种到开花，日均温低于15℃持续时间长，发病早且重；此间气候温暖，雨水调和，病害明显减轻。地势低洼、施用未腐熟的有机肥、灌水不当及连作地发病重。

3. 防治方法

①选育抗病品种，如国外的阿尔费、迪辛里、斯巴恩特、贝雷克等品种较耐病。

②施用酵素菌沤制的堆肥或充分腐熟有机肥。

③播种前种薯用0.2%的50%多菌灵可湿性粉剂浸种1小时。

④与非茄科作物实行4年以上轮作。

⑤发病重的地区或田块，每公顷用50%多菌灵30千克进行土壤消毒；发

病初期喷50%多菌灵可湿性粉剂600~700倍液或50%苯菌灵可湿性粉剂1000倍液，此外可浇灌50%琥胶肥酸铜可湿性粉剂350倍液，每株灌对好的药液0.51或用12.5%增效多菌灵浓可溶剂200~300倍液，每株浇灌100毫升。隔10天1次，灌1~2次。

（十）黑胫病

1. 病症识别（见彩图19）

这种病也叫黑脚病。因被侵染植株茎的基部形成墨黑色的腐烂部分，有臭味，这是典型的症状，因此而得名。此病可以发生在植株生长的任何阶段。如发芽期如被侵染，有可能在出苗前就死亡，造成缺苗；在生长期被侵染，叶片褪绿变黄，小叶边缘向上卷，植株硬直萎蔫，基部变黑，非常容易被拔出。以后慢慢枯死。病株的块茎，先从块茎脐部发生病变，轻的匍匐茎末端变色，然后从脐向里腐烂，重的块茎全部烂掉，并发出恶臭气味。

2. 传播途径

黑胫病是细菌性病害，它的病原菌主要来自带病毒种薯和土壤。染病芽块的病菌直接进入幼苗体内而发病，重者不等出苗就腐烂在土里，释放出大量病菌，在马铃薯和杂草的根际活动繁殖，可随土壤、水分移动到健康植株，从皮孔侵染健康的块茎。病菌在被侵染的块茎中存活，又可在切芽和操作中传播给健康薯块。土壤潮湿和比较冷凉时（18℃以下），非常有利于病菌的传播和侵染。

3. 防治方法

目前，对马铃薯黑胫病还没有有效的治疗药剂，主要防治措施是预防和减轻病菌的侵染，降低发病率。

①建立无病留种基地，繁殖无病种薯，并采用小整薯播种。

②播前进行种薯处理。可以进行催芽，淘汰病薯，或用杀菌剂浸种杀死芽块或小种薯上带的病菌。其具体方法是：用0.01%~0.05%的溴硝丙二醇溶液浸15~20分钟，或用0.05%~0.1%的春雷霉素溶液浸种30分钟，或用0.2%高锰酸钾溶液浸种20~30分钟。浸后晾干用以播种。

③对芽块装载器具及播种工具，经常进行清洁和消毒。

④田间发现病株后，应及时拔除销毁，防止再侵染。

⑤选用抗病耐病品种。

（十一）青枯病

1. 病症识别（见彩图20）

青枯病也叫洋芋瘟、褐腐病等。它在田间的典型症状是：在一丛马铃薯苗中，突然有一个或几个分枝或主茎出现急性萎蔫，但枝叶仍保持青绿色，其余茎叶表现正常。过几日后，又同样出现上述症状以至全株逐步枯死。块茎被侵染后，芽眼会出现灰褐色，重的切开可以见到环状腐烂组织。与环腐病的不同点，是薯肉与皮层不分离，切面不用手挤就能自动溢出白色菌脓。

2. 传播途径

青枯病是细菌性病害。青枯病菌主要靠带病种薯、土壤和其他感病植物如杂草等进行传播。带病种薯种到地里后，病菌随着地温的升高及幼芽的生长，不断繁殖。侵染严重的，可使芽块烂掉，幼芽死亡，侵染轻的出苗后萎蔫死亡。大量病菌留在地里，有的随雨水、灌溉水、耕作器具和昆虫等传给健康植株或其他杂草，扩大侵染，增加土壤中病菌的数量；有的附着或侵入块茎之中，有的在土壤中存活（可存活1~3年），越夏越冬，下一年又继续侵染。这样，土壤里病菌越来越多。遇到地温和干燥条件，病菌就潜伏；遇到高温高湿条件它们就活跃侵染，造成发病。正因为青枯病菌喜欢高温高湿，所以南方地区马铃薯青枯病比北方地区的严重得多。

3. 防治方法

马铃薯青枯病的传播途径较多，而且影响它发生的环境条件也比较复杂，仅采取某一两项技术措施就想得到显著效果是不可能的。所以必须采用以农业耕作种植方法为主的综合措施，才能减轻危害，降低损失。防治原则仍是预防为主，减少或杜绝各种侵染来源，防止扩大传播。

①建立无病留种基地，生产无病种薯。当前还应坚持在北方一季作区建立种薯基地，继续搞好"北种南调"。虽然人力物力花费大些，但确实是简便而又有效的办法。种薯尽量不在南方地区自繁自用。

②采用小整薯播种，减少种薯间病菌传播。

③认真实行轮作制。特别是南方地区，将其与水稻轮作，对青枯病防效显著，应大力提倡。

④选用抗病、耐病品种。

（十二）软腐病

1. 病症识别（见彩图21）

主要为害叶、茎及块茎。叶染病近地面老叶先发病，病部呈不规则暗褐色病斑，湿度大时腐烂。茎部染病多始于伤口，再向茎干蔓延，后茎内髓组织腐烂，具恶臭，病茎上部枝叶萎蔫下垂，叶变黄。块茎染病多由皮层伤口引起，初呈水浸状，后薯块组织崩解，发出恶臭。

2. 传播途径

病原菌在病残体上或土壤中越冬，经伤口或自然裂口侵入，借雨水飞溅或昆虫传播蔓延。

3. 防治方法

①加强田间管理，注意通风透光和降低田间湿度。

②及时拔除病株，并用石灰消毒减少田间初侵染和再侵染源。

③避免大水漫灌。

④用多元微肥拌种和喷施，能提高植株抵抗力减轻病害。

⑤喷洒50%百菌通可湿性粉剂500倍液或12%绿乳铜乳油600倍液、47%加瑞农可湿性粉剂500倍液、14%络氨铜水剂300倍液。

（十三）环腐病

1. 病症识别（见彩图22）

田间马铃薯植株如果被环腐病侵染，一般都在开花期出现症状。先从下部叶片开始，逐渐向上发展到全株。初期叶脉间褪绿，逐渐变黄，叶片边缘由黄变枯，向上卷曲。常出现部分枝叶萎蔫。还有一种是矮化丛生类型，初期萎蔫症状不明显，长到后期才表现出萎蔫。这种病菌主要生活在茎和块茎的输导组织中，所以块茎和地上茎的基部横着切开后，可见周围一圈输导组织变为黄色或褐色，或环状腐烂，用手一挤，就流出白色菌脓，薯肉与皮层即会分开。

2. 传播途径

环腐病是一种细菌性病害。病菌主要在被侵染的块茎中越冬，在田间残存的植株和块茎中也能越冬，但在土壤中不能存活。因此，它的主要传播途径就是种薯。当切芽的刀子切到病薯后再切健康薯，就把病菌接种到健康的芽块上，可以连续接种28个芽块。同时装芽块的袋子、器具等沾上腐烂黏液，也会沾在健康薯上进行传播。在田间，也可由雨水、灌溉水和昆虫等，经伤口传入马铃薯茎、块茎、匍匐茎等不同部位。

3. 防治方法

防治环腐病也要采用综合防治的办法。

①建立无病留种基地，繁殖无病种薯。环腐病的主要传播途径是种薯，必须在种薯上下功夫。结合脱毒种薯的繁殖，从脱毒苗开始到原种，直到合格种薯都要控制环腐病的侵染，使种薯不带病，从而切断菌源。引种调种要经过检疫部门严格检疫。

②提倡用小整薯播种，不要刀切，避免切刀传病。

③播前进行晒种催芽等，对种薯进行处理，可以提前发现病薯，坚决予以淘汰。

④对切刀和装种薯器具进行消毒。对库、筐、篓、袋、箱等存放种薯和芽块的设备、家具，都要事先用次氯酸钠、漂白粉、硫磺等杀菌剂进行处理。在分切芽块时，每人用两把刀，轮换使用，这样，总是有一把刀泡在3%的苯酚或5%来苏儿等药液中，或开水锅内消毒。

⑤选用抗病品种。

二、马铃薯病毒、类病毒病害的防治

（一）马铃薯X病毒

1. 病症识别

马铃薯 X 病毒（potato virus X 简称 PVX），病名马铃薯普通花叶病、马铃薯轻花叶病。在马铃薯上引起轻型花叶病。依病毒株系，马铃薯品种和环境条件而有所不同。表现为叶片颜色深浅不一，但叶片平展，不明显变形，叶脉不坏死。有的株系在某些品种上能引起过敏反应，产生顶端坏死，有的强系还可以引起叶片皱缩。此外，病株底部的叶片，当被遮阴时，常常不转为黄色，而是呈现绿色脉带。其症状反应与气候条件有密切关系，当气温在18℃时，在阴天将叶片迎光透视，则易见黄绿色相间的轻花叶或斑驳花叶症状。

2. 传播途径

马铃薯X病毒可通过汁液传播。在田间通过人手、工具、衣物、农具及动物皮毛接触和摩擦而自然传播。植株叶片互相摩擦，感病幼芽接触，田间根部接触均可造成传染。蚜虫不传播X病毒，但咀嚼式口器昆虫如蝗虫可机械传播。此病毒也可以通过嫁接传播。如果植株发育的早期感染PVX，病毒很容易传到块茎上，在后期感染，则块茎可不感染或只有部分块茎感染。

（二）马铃薯Y病毒

1. 病症识别

马铃薯Y病毒（potato virus Y简称PVY），病名马铃薯重花叶病。在马铃薯上引起严重花叶或坏死斑和坏死条斑。依病毒株系和品种的不同，症状差异较大。由无症到轻花叶、粗缩和皱缩花叶，一些敏感品种，常在叶片背面叶脉上引起坏死，形成条斑。有的品种还在叶柄、茎上出现条斑坏死，从而导致老叶崩溃、落叶形成落叶条斑或垂叶坏死，植株常早枯死。当有PVX和PVA病毒复合感染时，引起严重皱缩花叶。

2. 传播途径

马铃薯Y病毒可以通过汁液和嫁接传播。自然情况下主要通过蚜虫传播，为非持久性，最有效的介体是桃蚜。

（三）马铃薯A病毒

1. 病症识别

马铃薯A病毒（potato virus A简称PVA），病名马铃薯轻花叶病。在马铃薯上引起轻花叶或不显症。在某些马铃薯品种上可引起花叶、斑驳，脉间叶组织凸起，叶脉上或脉间出现不规则的浅色斑，暗色部分比健叶深，常呈现粗缩、叶缘波状，脉间叶组织突起，出现皱褶状。病株株形外观呈开散状。当和PVY或PVX复合侵染时，常引起较严重的症状——皱缩花叶，从而造成严重减产。

2. 传播途径

在自然条件下，这种病毒病主要由蚜虫传播。桃蚜、鼠李蚜、新瘤蚜均可传播PVA。但田间主要传播介体是桃蚜。蚜虫传播的性质为非持久性。此外，PVA也可以通过汁液摩擦传播。

（四）马铃薯卷叶病毒

1. 病症识别

马铃薯卷叶病缩写为PLRV。侵染的症状是顶部叶片直立、变黄，小叶沿中脉上卷，叶基部常有紫红色边缘。继发感染的植株，出苗后一个月，底部叶片卷叶，逐渐革质化，边缘坏死，同时叶背部变为紫色，以后，上部叶片也呈现褪绿、卷叶，背面变为紫红色，重病株矮小、黄化。感病植株块茎变瘦小，薯肉呈现锈色网纹斑。

2. 传播途径

马铃薯卷叶病不能汁液接触传毒。可通过人工嫁接传毒。在自然条件下，仅由蚜虫传毒。

（五）马铃薯S病毒

1. 病症识别

马铃薯S病毒（potato virus S简称PVS），病名马铃薯潜隐花叶病。在多数品种上引起叶脉变深，叶片粗缩，叶尖下卷，叶色变浅，轻度垂叶，植株呈"开散状"。有的品种感病后，产生轻度斑驳，脉带。有的易感品种在感病后期转为青铜色，严重皱缩，并在叶表面产生小坏死斑点，甚至落叶。老叶片不均匀变黄，有浅绿色或青铜色斑点。

2. 传播途径

PVS很容易通过汁液传播，如在田间病健株相邻，两者叶片相互摩擦接触、切刀、针刺均可引起传染。该病毒也可通过嫁接传染。

（六）马铃薯M病毒

1. 病症识别

马铃薯M病毒（potato virus M 简称PVM）。病名马铃薯副皱缩花叶病、马铃薯卷花叶病、马铃薯脉间花叶病。弱株系在一些品种上引起轻花叶、小叶尖脉间花叶，叶尖扭曲，顶部叶片卷叶。强株系侵染后产生明显花叶，叶片严重变形，有时叶柄，叶脉坏死。

2. 传播途径

PVM可以通过汁液接触和嫁接传播。自然情况下通过蚜虫传播，为非持久性。

（七）马铃薯纺锤块茎类病毒

1. 病症识别

马铃薯纺锤块茎类病毒（Potato spindle tuber viroid，缩写为PSTVd）。感染此类病毒的实生种子发芽慢，实生苗发育也迟缓，植株表现矮化，束顶，感病植株所结块茎变长，呈梨形，有的薯皮龟裂，芽眼较多，且有时呈突起状。表皮为红色和紫色的块茎，感病后常褪色。感病块茎生出的幼芽生长发育缓慢。田间病株茎直立，较少分枝，叶色灰绿，叶片和叶柄与茎之间角度变小。顶部叶片竖立，叶缘呈波状或向上卷，叶片背面褪色或有的呈紫红色，同时叶片小而脆，小叶中脉内弯，叶片卷曲。

2. 传播途径

PSTVd极易通过接触传播，如病健株相互摩擦，农具、衣物及切刀等进行汁液传播，也可以通过花粉和子房传到种子中，由病株采收的实生种子带毒率6%~89%。

3. 马铃薯主要病毒、类病毒防治方法

①选用抗病或耐病丰产良种。针对当地病毒种类，选用适合当地种植的抗、耐病品种。我省比较抗病的品种是晋薯16号、同薯23号。

②采用无毒种薯。各地应因地制宜地建立繁殖无毒种薯基地，一级原种

田应设置在高海拔的冷凉地带，一般生产田可通过夏播获得无病种薯，种薯基地要远离一般马铃薯生产田，并加强治虫防病等措施。有条件的地区可推广马铃薯植株的茎尖培养脱毒方法，即根据大部分病毒不能到达马铃薯植株生长点细胞中的原理，采用茎尖培养脱毒方法可获得无毒的马铃薯植株，能有效地控制病毒病，还可采用实生种薯脱毒。研究证明，三种病毒病都不能通过种子传染，故利用实生种子直播法可获得无毒的块茎。

③药剂防治。种薯拌种，使用60%吡虫啉悬浮种衣剂（高巧）进行种薯拌种，剂量按每100千克种薯30~40克药剂比例拌种，残效期长，对蚜虫控制时间长达42天，杀虫率高。叶面喷施药，根据蚜虫测报结果指导喷药次数，在各个蚜虫迁飞高峰期的第二天均匀喷施植株叶片及叶背面，化学药剂交替使用，避免出现抗药性。化学药剂：4%阿维·啶虫脒乳油13.05克/公顷（用水900千克/公顷），10%的吡虫啉可湿性粉剂2000倍液，高效氯氟氰菊酯25克/升水乳剂，1800~2475克/公顷，50%抗蚜威可湿性粉剂2000~3000倍液喷雾，70%吡虫啉水分散粒剂（艾美乐）30~75克/公顷，40%乐果乳油1000倍液。

④加强栽培管理。实行精耕细作，高垄栽培，加强培土，合理施肥，增施磷钾肥，用多元微肥拌种加叶面喷施2~3次，能显著提高植株抵抗力，显著减轻病害。留种田要及时拔除病株，以清除田间毒源。及时杀秧，进入成熟期时在蚜虫迁飞前，提早杀秧，减少蚜虫传毒。

三、马铃薯生理病害的防治

（一）块茎外部的生理病害

1.绿化块茎

块茎收获前，在田间常见到块茎表面部分变绿，某些块茎内部也呈绿色或黄绿色。收获后的块茎，在日光、灯光或散射光的影响下，其表面会全部变绿。一般高温比低温更容易绿化。

绿化的原因主要是块茎受光线照射的结果。在生育期间，由于培土不及时或培土不高，降雨过急过大，机械或人工作业等，都能造成块茎外露见光。贮藏期间散射光或照明灯光等也能使块茎变绿。在长期光照的影响下，块茎的表皮或薯肉会产生叶绿素和龙葵素。龙葵素是一种有毒的物质。因此绿化了的块茎大大降低了食用价值。

✦ 防治方法

主要是生育期间注意及时培土和多次培土，避免田间作业造成块茎外露；收获和运输过程中，要避免日光直射块茎，以及长时间散射光照射块茎；贮藏期间要保持黑暗。

2. 二次生长

二次生长就是在迅速生长的块茎上，其顶部伸长或形成子薯，或形成次生薯，或周皮发生龟裂，或形成不规则的肿瘤状突起等畸形块茎。

二次生长的块茎有各种形状。常见的有不规则伸长；块茎顶芽伸出匍匐茎，其顶端膨大形成子薯；链状结薯；芽眼部肥大突出，形成肿瘤状块茎；块茎顶芽萌发匍匐茎，形成次生薯，甚至传出地面形成新枝；周皮发生龟裂等。发生二次生长的块茎，其中已积累的淀粉又重新转化为糖并向二次生长的部位转移，使早期形成的块茎淀粉含量降低，特别是链状二次生长，早期形成的块茎淀粉含量降低更为显著。二次生长对产量和品质影响较轻的是块茎不规则伸长型；影响和危害最重的是块茎顶芽萌发匍匐茎并形成地上新枝的类型，这种类型的块茎中大部分贮藏的养分已被消耗掉，既失去了食用价值，也不宜作种薯用。

二次生长产生的原因，主要是高温干旱。土壤的高温干旱影响尤为显著。在马铃薯的块茎增长期，由于高温干旱，使块茎停止生长，甚至造成块茎芽眼暂时休眠，随后，由于降雨或灌溉，又恢复了适宜的生长条件，但由于块茎的周皮局部或全部加厚（木栓化），使块茎不能继续正常生长，便形成了各种畸形块茎。在高温干旱或湿润低温反复交替变化的情况下，更加剧了二次生长现象的发生。

二次生长现象多发生在中熟或中晚熟品种上，排水不良和黏重土壤上也容易发生二次生长。

◈ 防治方法

注意增施有机肥料，增强土壤的保肥保水能力；适当深耕，加强中耕培土；种植密度要适当，株行距配制要均匀一致；注意选用不易发生二次生长的品种。

3. 裂沟

裂沟就是在块茎增长期，块茎沿着长轴方向产生较深的纵向裂沟，裂沟的表面被愈合的周皮组织覆盖。

裂沟主要是在干旱之后又降雨或灌溉，块茎迅速生长造成的。过量施肥也是造成裂沟的重要原因之一。裂沟也可以认为是一种二次生长的类型。由于块茎迅速生长，从内部产生一种压力，使周皮和部分皮层组织产生较深的裂沟。此外，有些品种容易产生裂沟现象。

◈ 防治方法

为防止裂沟现象的发生，要增施有机肥料，加强灌水和中耕培土等措施，同时要避免过量施肥和生育期间发生干旱，并要选用不易产生裂沟的品种。

4. 指痕状伤害

收获后的块茎，其表面常有较浅的（1~2毫米）指痕状伤害（似用指甲刻伤的）。多发生在芽眼稀少或较平滑的部位，芽眼的部位很少发生。

指痕伤主要是块茎从高处掉落下来产生轻微撞击后发生的，即块茎落地后，接触到硬物或互相强烈撞击、挤压后造成的伤害。一般收获期迟，充分成熟的块茎，以及经过贮藏10~15天的块茎容易发生指痕伤。室内贮藏和窖藏比田间贮藏更容易发生这种伤害，因为这种伤害和湿度有关。但是由于指痕伤的伤口较浅，易于愈合，几乎很少产生腐烂现象，特别在块茎运输和搬运时，如能适当提高温度，则更能减少其危害程度。

❖ 防治方法

在收获过程中，要尽量做到避免或减轻各种机械损伤，在收获后的搬运和贮藏过程中，要轻拿轻放，避免块茎互相撞击。

5. 破损伤

块茎搬运过程中，由高处掉落并与锐利物相撞击，使块茎内部很深的部位发生伤害。受伤的块茎很容易用手捏碎。这种损伤的块茎，很难愈合，在贮藏中多发生腐烂。

❖ 防治方法

防止破损伤的办法基本与指痕伤相同。

6. 压伤

块茎入库时操作过猛或堆积过厚，底部的块茎承受过大的压力，造成块茎表面凹伤害。伤害状较严重时便不能复原，在伤害部位形成很厚的木栓层，其下部薯肉常有变黑现象。提早收获的块茎，由于淀粉积累还不充分，常易发生这种压伤。

❖ 防治方法

为防止压伤，收获和入库过程中要避免操作过猛，薯块不用堆积过高，尤其是提早收获的块茎，由于水分含量高而淀粉含量低，不耐压，更要避免堆积过厚。

7. 周皮脱落

收获时及收获后的块茎，在进行运输、堆积或其他作业时，造成块茎周皮局部脱落。周皮脱落的主要原因是土壤水分和氮素营养过多或日照不足，或收获过早等。块茎木栓化的周皮尚未充分形成，所以周皮极易损伤。

❖ 防治方法

在马铃薯生育过程中，要避免使块茎周皮不能及时木栓化的各种因素，特别是日照不足，低温高湿以及氮肥过多等。收获和运输过程，要轻拿轻放，避免强力撞击和摩擦。

8. 皮孔肥大

在正常情况下，块茎表面的许多小皮孔，不向表面突起。而当收获前土壤水分过多或贮藏期湿度过大时，则皮孔周围的细胞增生，使皮孔张大并突起，既影响块茎的美观，又易被病菌感染，使块茎不耐贮藏。

❖ 防治方法

为防止皮孔肥大，在马铃薯的生育期间，要高培土；生育后期适当控制灌水，遇多雨天气，田间产生积水时，及时排水；块茎成熟后，及时收获，尤其土壤过湿的情况下，更要尽早收获；贮藏期间要防止贮藏窖的湿度过高。

9. 纤细芽

某些块茎在萌芽时，块茎上各芽眼几乎同时萌发，不表现顶端优势，且萌发的芽条较正常芽条细长纤弱得多，称这种芽为"毛芽"。这种块茎播种后，出苗迟缓或不能出苗，即使出苗，其幼芽纤细丛生，不能正常形成产量。

纤细芽现象发生的原因，主要是块茎的生活力降低所致。一般感染卷叶病毒的块茎，在萌发时也表现毛芽症状。

✿ 防治方法

防止纤细芽病害，主要是注意选用无病的种薯和不栽植有纤细芽的块茎。

（二）块茎内部的生理病害

1. 块茎空心

把马铃薯块茎切开，有时会见到在块茎中心附近有一个空腔，腔的边缘角状，整个空腔呈放射的星状，空腔壁为白色或浅棕色。空腔附近淀粉含量少，蒸熟吃时会感到发硬发脆，这种现象就叫空心。一般个大的块茎容易发生空心，空心块茎表面和它所生长植株上都没有任何症状，但空心块茎却对质量有很大影响，特别是用以炸条、炸片的块茎，如果出现空心，会使薯条的长度变短，薯片不整齐，颜色不正常。

块茎的空心，主要是其生长条件突然过于优越所造成的。据研究，在块茎形成后，如果有一段时间缺水或干旱，随后又因肥水充足，特别是土壤湿度大，氮肥多，块茎增长速度快，常有些品种出现空心。因为在干旱、缺水过程中，块茎中的淀粉有的转化成糖，块茎髓心的细胞水分减少，后来大量养分和水分输入块茎时，使髓心细胞间组织开裂，发展成空心。一般说，在马铃薯生长速度比较平稳的地块里，空心现象比马铃薯生长速度上下波动的地块比例要小。早种植密度结构不合理的地块，比如种得太稀，或缺苗太多，造成生长空间太大，都会使空心率增高。钾肥供应不足，也是导致空心率增高的一个因素。缺钙也容易造成块茎的空心。另外，空心率高低也与品种的特性有一定关系。

⟡ 防治方法

　　为防止块茎空心的发生，应选择空心发病率低的品种，适当调整密度，缩小株距，减少缺苗率。使植株营养面积均匀，保证群体结构的良好状态。在管理上保持田间水肥条件平稳，缺钾肥、钙肥时及时补充。不过量施肥，不使结薯过大，及时充分培土。

2. 褐色心腐

　　这种病薯的表面几乎无任何症状，但切开薯块后，在薯肉部分分布有大小不等，形状不规则的褐色斑点。褐色部分的细胞已经死亡，成为木栓化组织，淀粉粒也几乎全部消失，不易煮烂，失去了食用价值。一般较大块茎容易发病，其主要原因是在迅速膨大的块茎增长期，土壤水分不足，特别是该期土壤水分急剧下降而形成的土壤干旱，更易发生此种病害。

⟡ 防治方法

　　主要是增施有机肥料，提高土壤的保水能力，特别要注意块茎增长期及时满足水分的供应，防止土壤干旱。此外还要注意选用抗病品种。有轻微病症的薯块作种薯，一般无影响。

3. 黑色心腐

　　黑色心腐病，主要在块茎中心部发生，切开块茎后，中心部呈黑色或褐色，变色部分轮廓清晰，形状不规则，有的变黑部分分散在薯肉中间，有的变黑部分中空，变黑部分失水变硬，呈革质状，放置在室内湿的条件下还可变软。有时切开薯块无病症，但在空气中，中心部很快变成褐色，进而变成黑色。在贮藏中不易腐烂和感病。块茎的外观常不表现症状。但发病严重时，黑色部分延伸到芽眼部，外皮局部变褐并凹陷，易受外界病菌感染而腐烂。

　　发病的主要原因是高温和通气不良。贮藏的块茎，在缺氧的情况下，

73

40~42℃时，1~2天；36℃时，3天；27~30℃时，6~12天即能发生黑色心腐病。即使在低温条件下，若长期通气不良，也能发病。该病多发生在块茎运输过程中，呼吸旺盛的早春，刚收获后和块茎堆积过厚等情况下。块茎内部本来就容易缺氧，在高湿条件下，由于呼吸增强，耗氧多，进一步造成了缺氧状态。

❖ 防治方法

　　主要是在运输和贮藏过程中，避免高温和通气不良，防止块茎堆积过高，注意保持低温，防止长时间日晒。在大田生产过程中，也要创造适宜的田间温度条件，防止高温。染病块茎作为种薯播种后，多腐烂而不能出苗。

4. 水薯

　　水薯是将病薯切开后，可见到薯肉稍有透明，随后略变淡褐色或紫色。

　　水薯产生的主要原因是氮肥用量过多，造成茎叶徒长倒伏，影响了光合作用的进行，使同化产物积累减少；同时，氮肥过多，促进了细胞的分裂，使块茎的膨大速度加快，因而影响了淀粉的积累，于是形成了含水量高而淀粉含量低的水薯。用水薯作种薯，播种后极易腐烂，即使能发芽，也因营养缺乏，发芽力弱而不能发育成壮苗。

❖ 防治方法

　　注意适量施肥，氮、磷、钾要合理配合，并要选用不易产生水薯的品种。

5. 块茎内部黑斑

　　这种病薯表面一般没有异常现象。但剥去皮后，可见到内部黑斑，一个块茎上2~5个部位有黑斑，其形状有圆形、椭圆形、不规则形等。黑斑直径从数毫米到20毫米。切开薯块后，可见黑斑沿维管束扩展或穿过维管束扩展到块茎内部。

造成块茎内部黑斑的原因，主要是从收获到市场销售、贮藏加工等一系列的运输过程，使块茎遭到碰撞，造成皮下组织损伤，24小时后，损伤部位变成黑褐色。变黑的程度与温度有密切关系，一般在低于10℃条件下容易发生。受碰撞损伤部位的细胞，由于引起氧化而产生黑色色素，使组织局部变黑。

✿ 防治方法

在块茎充分成熟后再收获，收获时要选择晴天和温度较高的天气，最好低温要在10℃以上。收获和运输过程中，要避免各种碰撞冲击，减少损伤。

6. 块茎内维管束变褐

维管束变褐的块茎，往往在块茎表面不表现任何症状，但切开块茎后，可以清楚地看到维管束环变褐色，变褐的程度由块茎基部向顶部由重渐轻。变褐的部分维管束细胞已坏死。这种块茎入窖贮藏后，在温度较高和湿度较大的情况下，维管束变褐程度逐渐加重，严重者整个块茎腐烂。

块茎维管束变褐的原因，多与地上部的病变有密切的关系。真菌和细菌性病害，如干腐病、环腐病和青枯病等植株块茎的维管束都有变褐的症状发生，其他原因造成马铃薯茎叶早期枯萎或遭受霜冻的情况下，其块茎维管束也都有变褐症状。

✿ 防治方法

主要是注意防治各种病害对马铃薯的侵染，在田间管理过程中还要防止损伤植株，生育后期遇有低温天气时，要加强防霜措施，避免低温冷害发生。

7. 向内萌芽的块茎

向内萌芽的块茎，在外表常不表现任何症状，也有表面产生裂缝现象的。一般只有切开薯块后才能看到幼芽向块茎内生长，有时幼芽穿透块茎，从萌芽的另一端穿出，很似芽眼萌发，或使块茎发生裂缝，幼芽生长点从裂缝中穿出，也有时在块茎内的萌芽的尖端产生小的新块茎，称块茎内块茎。

向块茎内萌芽的现象多发生在贮藏后期，尤其是在高温贮藏条件下的老化块茎或贮藏窖薯堆中下层块茎更容易发病。为加工需要，在加工前提高贮藏温度时，也常造成向块茎内萌芽的现象。发生了向内萌芽的块芽，则降低了其利用价值，特别是播种后，多数不能出苗或出苗迟缓，长势弱而不能成长为正常植株。但这种现象的内在生理原因尚缺乏研究。

❖ **防治方法**

不使用和不贮藏老化块茎，同时要避免贮窖内贮量过多和温度过高，如果必须在10℃以上贮藏块茎时，要使用萌芽抑制剂。

（三）气候条件与农药造成的生理病害

1. 低温冷害

低温对马铃薯的幼苗，成株和贮藏中的块茎，都能造成不同程度的危害。在北方一作区的广大地区，低温冻害常有发生。在幼苗期如果出现0℃或0℃以下气温时，马铃薯幼苗就会发生霜害或冻害，受害程度因低温程度和持续的时间而异。受害后的幼叶，首先萎蔫变褐，进而枯死，轻微受冻而没有凋萎的叶片，停止生长，变成黄绿色，并皱缩，畸形，以后逐渐枯萎。随后从没有受冻的茎节上产生新的枝条和叶片，但生长缓慢，严重推迟了生育进程。秋季早霜由于造成茎叶提早枯死，影响光合作用和光合产物向块茎中输送，因而降低了块茎产量和淀粉含量。

贮藏中的块茎，长期在0℃左右低温下，淀粉大量转化为糖，1~3℃条件下长期（半年左右）贮藏，薯肉切开后10~30分钟会变成棕褐色，急剧低温的变化，或出现0℃以下低温，会造成维管束环变褐或薯肉变黑，严重者薯肉薄壁细胞受到破坏，造成薯肉脱水萎缩。

✦ 预防方法

低温冷害的预防，应根据各地自然条件和无霜期长短，选择适宜的品种，适期播种或延迟播种，以躲过晚霜或早霜的危害。秋季早霜来临过早时，可根据天气预报在田间进行人工熏烟雾或灌溉防霜等办法，防止早霜危害。

贮藏种用块茎应保持2~4℃，食用及加工用块茎4~6℃。在北方严冬季节，如果贮藏窖温降到0℃时，应在薯堆上加覆盖物吸湿保温或在窖内熏烟增温，防止低温冻害发生。

2. 高温危害

在我国北方一季作区的广大地区，特别是华北和西北马铃薯产区，生育期间有时气温高达30℃以上，有时高温与干燥同时出现，由于叶片过度失水，造成小叶尖端和叶缘褪绿，变褐，最后叶尖部变成黑褐色而枯死，俗称"日烧"。枯死部分呈向上卷曲状。在田间作业切伤根部或受刺吸式口器昆虫危害后的叶部也易发生上述症状，应注意区别。

✦ 预防方法

为防止高温危害，在盛夏高温干燥天气出现前，进行田间灌溉是非常重要的。此外，增施有机肥料，增强土壤保水能力，注意分期培土，减少伤根，都可以减轻日烧病的危害。

3. 农药药害

近年来，用于病虫害防治和除草的农药种类不断增加，有些农民对农药使用知识缺乏了解，因而使用时，对稀释的倍数、用量、次数和时期掌握常不准确，时有药害发生。药害的症状主要表现在地上部，如植株萎缩，生长迟缓或叶片黄化卷缩，茎秆细弱，扭曲畸形等。在识别药害时，应注意与病毒病害和其他生理病害相区别。

❖ 预防方法

为防止药害，必须注意向广大农民宣传各种农药的性质和使用方法，要求严格按照各种农药规定的稀释倍数、用量和使用次数、方法、时期等正确使用。

四、马铃薯主要虫害的防治

马铃薯从播种到收获，在整个生长过程中，有许多害虫对其进行为害。由于害虫的为害，使马铃薯地下部分和地上部分的组织受到损害，影响正常的生长，甚至造成死亡。特别是它的块茎生长在地下，有许多害虫喜欢吃，把块茎咬成孔洞，影响其品质，降低了商品价值。不仅如此，这些害虫在咬伤组织的同时，还带来病害，或为病害入侵提供方便。所以搞好虫害的防治，是马铃薯丰产丰收的重要保障。

（一）地下害虫

1. 为害与习性

蝼蛄 蝼蛄（见彩图23）的成虫（翅已长全的）、若虫（翅未长全的）都对马铃薯形成为害。它用口器和前边的大爪子把马铃薯的地下茎或根撕成乱丝状，使地上部萎蔫或死亡，也有时咬食芽块，使芽不能生长，造成缺苗。它在土中串掘隧道，使幼根与土壤分离，造成失水，影响叶片生长，甚至死亡。它在秋季咬食块茎，使其形成孔洞，或使其易感染腐烂菌造成腐烂。

蝼蛄的成虫和若虫，都是在地下随土温的变化而上下活动的。越冬时下潜1.2~1.6米筑洞休眠。春天，地温上升，又上到10厘米深的耕作层为害。白天在地下，夜间到地面活动。夏季气温高时下到20厘米左右深的地方活动，秋天又上到耕作层为害。一般有机质较多、盐碱较轻地里的蝼蛄为害猖獗。

蛴螬　也叫地蚕（见彩图24），是金龟子的幼虫。在马铃薯田中，它主要为害地下嫩根、地下茎和块茎，进行咬食和钻蛀，断口整齐，使地上茎营养水分供应不上而枯死。块茎被钻蛀后，导致品种丧失或引起腐烂。成虫（金龟子）还会飞到植株上，咬食叶片。

蛴螬及其成虫都能越冬，在土中上下垂直活动。成虫在地下40厘米以下、幼虫在90厘米以下越冬，春季再上升到10厘米左右深的耕作层。它喜欢有机质，喜欢在骡马粪中生活。成虫夜间活动，白天潜藏于土中。幼虫有3对胸足，体肥胖，乳白色，常卷缩成马蹄形，并有假死性。

金针虫　也叫铁丝虫（见彩图25），是叩头甲的幼虫。以幼虫为害，春季钻蛀芽块、根和地下茎，稍粗的根或茎虽很少被咬断，但会使幼苗逐渐萎蔫或枯死。秋季幼虫钻入块茎，在薯肉内形成1个孔道，降低了块茎的品质，有的还会引起腐烂。

金针虫的成虫和幼虫，均可钻入土里60厘米以下的地方越冬，钻入时留有虫洞，春季再由虫洞上升到耕作层。夏季土温超过17℃时，它便逐渐下移；秋季地表温度下降后，又进入耕作层为害。幼虫初孵化出来时为白色，随着生长变为黄色，有光泽，体硬，长2~3厘米，细长。

地老虎　也叫土蚕、切根虫（见彩图26）。以幼虫为害。成虫是一种夜蛾，分小地老虎和黄地老虎等多种。地老虎主要为害马铃薯等作物的幼苗，在贴近地面的地方把幼苗咬断，使整棵苗子死掉，并常把咬断的苗拖进虫洞。幼虫低龄时，也咬食嫩叶，使叶片出现缺刻和孔洞。它也会在地下咬食块茎，咬出的孔洞比蛴螬咬的孔洞小一些。

地老虎的幼虫，是黄褐、暗褐或黑褐色的肉虫，一般长3~5厘米。小地老虎喜欢阴湿环境，田间覆盖度大、杂草多、土壤湿度大的地方虫量大；黄地老虎喜欢干旱环境，对湿度要求不高，夏季怕热。它们的成虫都有趋光性和趋糖蜜性。

2. 防治方法

上述几种地下害虫各不相同，但又有相同之处。它们都在地下活动，所以防治方法大体一致。

①秋季深翻地深耙地。破坏它们的越冬环境，冻死准备越冬的大量幼虫、蛹和成虫，减少越冬数量，减轻下一年为害。

②清洁田园。清除田园、田埂、地头、地边和水沟边等处的杂草和杂物，并带出地外处理，以减少幼虫和虫卵数量。

③诱杀成虫。利用糖蜜诱杀器和黑光灯、鲜马粪堆、草把等，分别对有趋光性、趋糖蜜性、趋马粪性的成虫进行诱杀，可以减少成虫产卵，降低幼虫数量。

④药剂防治。使用毒土和颗粒剂：播种时每公顷用1%敌百虫粉剂45~60千克，加细土150千克掺匀，或用3%呋喃丹颗粒剂22.5~30千克等，顺垄撒于沟内，毒杀苗期为害的地下害虫。或在中耕时把上述农药撒于苗根部，毒杀害虫。

⑤灌根。用40%的辛硫磷、50%的甲胺磷1500~2000倍液，在苗期灌根，每株50~100毫升。

⑥使用毒饵。小面积防治还可以用上述农药，掺在炒熟的麦麸、玉米或糠中，做成毒饵，在晚上撒于田间。

（二）蚜虫

蚜虫也叫腻虫（见彩图27）。直接为害马铃薯的蚜虫种类很多。

1. 为害与习性

蚜虫对马铃薯的为害有两种情况。第一种是直接为害。蚜虫群居在叶子背面和幼嫩的顶部取食，刺伤叶片吸取汁液，同时排泄出一种黏物，堵塞气孔，使叶片皱缩变形，幼嫩部分生长受到妨碍，可直接影响产量。第二种是在取食过程中，把病毒传给健康植株（主要是桃蚜所为），不仅引起病毒病，造成退化现象，还使病毒在田间扩散，使更多植株发生退化。这种为害比第一种为害造成的损失更为严重。

蚜虫有迁飞的习性。蚜虫分为无翅蚜和有翅蚜。有翅蚜可随风飞出很远的距离。它的降落是有选择的，喜欢落在黄色和绿色物体上，特别是黄色物体可以吸引它降落。多风和风速大，能阻止它的起飞和降落。银灰色和乳白色对它有忌避作用。

2. 防治方法

一般农民种植商品薯，对蚜虫防治都不太注意，认为蚜虫的为害并不太严重。可是种薯生产就必须搞好对蚜虫的防治，不然生产出的种薯都会带有病毒，会使下一年种植的商品薯退化减产。

①选好种薯田地点。根据蚜虫的习性，选择高海拔的冷凉区域，或风多风大的地方做种薯生产田，使蚜虫不易降落，减少传毒机会。

②种薯田要远离有病毒马铃薯田。把种薯生产田建在与有病毒马铃薯田距离100~300米远的地方，以避免蚜虫短距离迁飞传播。

③躲过蚜虫迁飞高峰期。掌握蚜虫迁飞规律，躲过蚜虫迁入高峰期，比如采取选用早播种或进行错后播种等方法，可以减轻蚜虫传毒。

④药剂防治。防治见病毒病药剂防治方法。

⑤合理轮作。种植非蚜虫寄主植物或跟蚜虫寄主亲缘关系较远的作物，如：玉米、冬小麦、油菜等。

⑥使用防虫网（60目），利用蚜虫的趋光性使用黄皿诱蚜或银膜避蚜（多为温网室使用）。

（三）二十八星瓢虫

又叫花大姐（见彩图28）。除为害马铃薯外，还为害其他茄科或豆科植物，如茄子、番茄及菜豆等。

1. 为害与习性

二十八星瓢虫的成虫、幼虫都能为害，它们聚集在叶子背面咬食叶肉，最后只剩下叶脉，形成网状，使叶片和植株干枯呈黄褐色。这种害虫大发生时，会导致全田薯苗干枯，远看田里一片红褐色。为害轻的可减产10%左右，重的可减产30%以上。一般在山区和半山区，特别是有石质山的地方为害较重，因为二十八星瓢虫多在背风向阳的石缝中以成虫聚集在一起越冬。如遇暖冬，成虫越冬成活率高，容易出现严重为害。如果冬天寒冷干燥，成虫越冬成活率则低；如果成虫产卵后天气炎热干燥，孵化成活率则也低。一般夏秋之交，瓢虫为害严重。此时成虫、幼虫（刺狗子）和卵同时出现，世代重叠，很难防治。

2. 防治方法

①防治重点区域。有暖冬、石质山较多的深山区和半山区，距荒山坡较近的马铃薯田。

②防治指标。调查100棵马铃薯，有30头成虫，或每100棵有卵100粒，就必须进行药剂防治。

③防治时期。在越冬成虫出现盛期和产卵初期，开始进行药剂防治，并要进行连续防治。

④具体使用药剂和用量。要选择能杀死成虫、幼虫和卵的农药。可以使用有效成分为50%的甲胺磷、20%的氰胺磷乳油、40%的辛硫磷等有机磷制剂，每公顷1125~1500毫升，加水750升；或用2.5%敌杀死、5%来福灵、2.5%功夫菊酯或拟菊酯类制剂，每公顷用药750毫升，加水750升，进行田间喷雾。如使用两次以上，则最好以有机磷和菊酯类药剂交替使用，防止瓢虫产生抗药性。

⑤消灭越冬成虫。调查成虫越冬场所，用火烧或药剂就地清剿消灭。

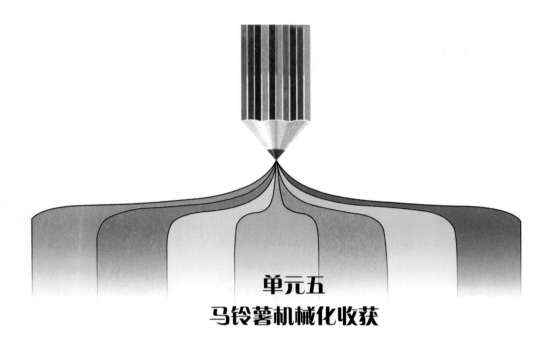

单元五
马铃薯机械化收获

1. 了解马铃薯机械收获的基本条件

2. 清楚马铃薯机械收获前需要做的准备工作

3. 掌握马铃薯收获机械的操作方法

一、马铃薯机械收获的基本条件

（一）机械收获的耕地条件

1. 坡度小

马铃薯种植区一般多为丘陵高寒冷凉区，地块多数属于旱垣地，一般沿着坡地的水平方向农机作业，尽量避开坡度的影响，保证作业质量。马铃薯收获机组在坡地作业有一定的安全坡度值，一般在8°左右，若大于此值，马铃薯收获机组重心侧移，一是影响收获质量，二是容易造成机组侧翻。

2. 地面平

马铃薯机械化收获的地块要保持地面平整，没有坑洼，这是提高马铃薯机械化收获质量的基本条件。地面若有坑洼，将导致马铃薯收获机挖掘深度不稳定。遇到地面坑洼时，挖掘深度加大，拖拉机负荷增加，轻则薯土分离不清，重则马铃薯收获机组容易产生趴窝。遇到地面凸起时，挖掘深度减小，增大马铃薯破损率，降低马铃薯收净率。

3. 面积大

马铃薯机械化收获的特征是优质高效，前提是耕地面积要大，具备畦长堰宽的农田条件。马铃薯收获机在小块农田收获，既不利于机械化效率的提高，又增加作业成本。

4. 交通便利

马铃薯机械化收获，首先要保障马铃薯收获机组在马铃薯种植的地块之间运行通畅无阻，这就要求有一定宽度、较为平坦、适应机组行走的道路保障。因此，在马铃薯收获期，要将田间道路保养和维护好，时刻保持畅通状态，保障马铃薯收获机组在田间转移过程中的安全可靠。

5. 耕层深厚

马铃薯生长发育需保水、保肥性能较好的肥沃、疏松、深厚的土壤，利于块茎的膨大。这与马铃薯机械化收获的要求相适应，利于控制挖掘深度，尽量保持在马铃薯块茎生长深度内运行，以免打破犁底层而造成负荷的增加，影响薯土分离效果。

6. 土壤湿度正常

马铃薯机械化收获,要将马铃薯块茎从土壤中挖起并分离出来,这就对被收获马铃薯所在耕地的土壤含水率有一个基本的要求。同一种土壤由于含水率的不同,机械性质也有所不同。当水分较低时,土壤坚硬,马铃薯收获阻力很大;当含水量达到下塑限时,土壤较软,收获阻力较小,是土壤的适宜收获状态。当水分增多到达黏着限时,即出现黏着力,土壤便会黏附在马铃薯收获机的工作部件和行走装置上,收获阻力加大,薯土分离不净,甚至不能收获。

土壤随其含水量的不同,呈现为固体、塑性、流动三种不同的物理状态。在固体状态时,土壤互不黏结,也不会附着在马铃薯收获机的工作部件上,土垡容易破碎,薯土很好分离。但是,湿度小于10%的黏重土壤有很大的黏结性,可以形成坚硬的土块。在塑性状态时,土壤靠自重即可产生变形,土壤被筛落的性能提高,但这时马铃薯收获机组无法在田间正常收获。因此,马铃薯收获机在湿度较低、管理较好的马铃薯田间进行收获,土壤比较疏松,挖掘阻力较小,土壤容易被筛落。

7. 土壤无杂物

马铃薯机械化收获作业,其实质就是对马铃薯生长所在耕作层的过滤。整个过程挖掘铲处于深层切削移动土壤状态;转动筛、摆动筛等分离机构处于一定速度和幅度下过滤输送状态,达到马铃薯块茎的铺放与集运。因此,要求土壤中不得有石头、铁丝、铁钉、地膜、编织物等坚硬或者软质纤维等杂物,以免损坏挖掘铲,卡死转动筛,堵塞分离机构,影响马铃薯机械化收获质量。

(二)机械化收获的农艺条件

机械化作为农艺措施的载体,就必然要与农艺措施相互适应、相互促进,只有这样才能提升现代化农业的技术与装备水平。

1. 种植深度

马铃薯种植深度不宜过深,播种过深或预整地不得法,马铃薯生长会过深,不利于机械化收获。

2. 种植行距

马铃薯的种植行距不宜太窄，过窄将影响马铃薯机械化收获时的对行，增大马铃薯块茎的损伤；过宽则影响马铃薯种植密度和产量的提高。最好采用宽窄行密植，既能保障密度和产量，又便于机械化对行收获，还有利于马铃薯在良好的通风透光环境下生长。

3. 种植模式

马铃薯由于气候、土壤、水肥、品种等条件的不同，形成了平植、垄植、地膜种植等多种种植模式，不同的种植模式在推广应用中都要与马铃薯机械收获技术相适应、相配套。

（1）平植模式：平植模式是丘陵高寒冷凉旱作区的主要种植模式，技术的关键是保墒，尽量少翻动耕层土壤，在白茬地上伴随耕地过程完成施肥、播种、耢糖作业。最适宜机械化收获的是宽窄行密植，宽行60厘米做通道，窄行40厘米种植株距为30厘米的两行马铃薯，既有利于通风透光，又便于马铃薯收获机对行收获，减少破损率，提高收净率。但是，相对垄植马铃薯机械化收获来讲，动力消耗大，薯土分离效果差。

（2）垄植模式：这是高水肥地块的主要种植模式，技术的关键是起垄播种。垄植可以充分利用地力和空间，有效提高马铃薯生长过程的通风、透光和防涝效果。这一种植模式不仅方便马铃薯中耕、施肥、培土作业，而且很适宜马铃薯收获机对垄作业。一般要求马铃薯收获机作业宽幅大于60厘米或成倍递增。收获过程动力消耗少、分离效果好、破损率低、收净率高。

（3）地膜种植模式：在水肥条件较好的城镇郊区采用地膜覆盖种植马铃薯，不仅可使马铃薯提前上市，增加效益，而且可以增加产量，提高品质。地膜种植模式的马铃薯机械化收获宜选用分离效果好的马铃薯收获机，作业时要对行收获，特别注意秧蔓和地膜造成的缠绕堵塞。

二、收获前的准备

（一）地块的准备

马铃薯种植地块一般比较分散，给马铃薯机械化收获增添了地块转移频繁、有效时间利用率低的困难。为了克服困难，尽可能地提高马铃薯机械化收获的质量和效率，须认真做好以下准备工作（见彩图29）。

（1）应有专人或利用农村经济组织等中介机构提前联系好马铃薯收获地块，确保马铃薯收获机能不间断或少间断地进行马铃薯收获，减少等待时间，以提高机组经济效益。

（2）在已经联系好的若干地块进行马铃薯机械化收获时，要尽量使不同用户的地块按地界就近连片收获，减少机组地块转移占用时间，提高机组有效时间利用率。

（3）充分了解计划收获地块的地形、坡度、地界和面积，查看田间有无障碍物、塌陷、石块，对不能移动的障碍物应该做好明显标记。

（4）了解马铃薯的品种、用途、播种深度、种植行距以及马铃薯块茎的最大深度等情况，相应地对马铃薯收获机进行调整。

（5）为便于机组掉头转弯且不损伤马铃薯块茎，待收获马铃薯地块两头，应由人工收获，其宽度一般为机组长度的1.5~2倍。也可采用机械收获、人工辅助挖掘漏挖边角的办法，完成地头马铃薯收获。

（6）人工填平待收获马铃薯地块的沟渠、坑洼，铲平横向埂、垄，清除石块等障碍物，便于马铃薯收获机安全收获。

（7）秧蔓处理。马铃薯秧蔓在机械收获前一般需要处理，以避免堵塞，提高机械收获质量和效率（见彩图30）。

处理方式主要有：

①人工秧蔓处理。由马铃薯种植户在机械收获前将马铃薯秧蔓收割。

②机械秧蔓处理。准备机械化收获的马铃薯地块，在收获前几天，采用秧蔓处理机械或用直刀式秸秆粉碎还田机进行秧蔓处理。

③化学秧蔓处理。主要是在收获前10天利用"克无踪""敌草快"等除

草剂进行机械喷洒，促使秧蔓干枯。

④高寒冷凉区的晚熟品，一般均可达到生理成熟期，且易受早霜影响，秧蔓基本上干枯，可免去除秧蔓环节，直接进行收获。

（二）机组准备

马铃薯收获机组是马铃薯收获农艺技术的载体，为了保障收获达到或超过农艺技术要求，马铃薯收获机组要做好充分的准备。

（1）马铃薯收获机应保持良好的技术状态，各项调整满足农艺要求。

（2）配套的拖拉机必须经过安全技术检验合格，并符合马铃薯收获机的配套要求，液压悬挂机构完好，部件齐全，操作灵活可靠。

（3）燃油储备。马铃薯收获地块一般远离加油站，应准备好一定数量的燃油，以保障收获效率的提高。

（4）保养维护物质的准备。保养常用的润滑油、润滑脂、水以及常用工具等物资要保证及时提供。

（三）机组人员准备

机组人员的操作技术直接影响着马铃薯机械收获的质量和效率。因此，马铃薯机械化收获对机组人员有较高的要求。

（1）机组人员除熟悉拖拉机操作使用技术外，还必须掌握马铃薯收获机的结构、原理、调整、使用和维修技术。

（2）机组人员必须持有合格的拖拉机驾驶执照，并经过农机部门或生产企业对马铃薯收获机的专门技术培训。

（3）机组人员配备至少两人，相互之间要密切配合。

（四）辅助人员准备

辅助人员主要用于分段收获时对铺放在地面的马铃薯进行捡拾。为提高机组收获效率，避免铺放在地表的马铃薯长时间受风吹日晒降低品质，机组须配备足够的辅助人员。一般小型马铃薯收获机应配备辅助人员3~5人；中型马铃薯收获机应配备辅助人员5~7人；大型马铃薯收获机应配备辅助人员

7~9人。

（五）包装运输机械准备

马铃薯收获后，要准备好足够的马铃薯包装物资和运输机械，以保障马铃薯运输到具体的市场、加工、贮藏等场所。

（六）规划合理的收获方案

马铃薯机械化收获前，要根据马铃薯的收获市场动态、被收获地块形状、土质等情况确定合理的收获方案，以提高收获效率和获取较高的经济收入。

（1）确定合理的收费标准。应遵守当地有关收费标准规定，不得随意定价或乱涨价，对于在收获前进行的机械杀秧蔓或收获后拉运等费用，要合理地累加收费。

（2）规划合理的收获路线。为减少马铃薯收获机调头难度，避免空行，应合理制定收获路线。

①马铃薯收获机组在地头入土前，要摆正拖拉机，对准所要收获的薯行。入土要及时准确，不要过早或过迟入土，以免漏挖或重挖。

②马铃薯收获机的收获路线主要有离心法、向心法和分区收获法。离心法、向心法和耕地内翻外翻法相同，这种收获方法比较简单；分区收获方法转弯容易，机组收获速度快，效率高，适用于大面积收获。

三、马铃薯收获机的正确操作

（1）拖拉机驾驶员必须经过马铃薯机械化收获的技术培训，持有农机部门颁发的有效驾驶证件，并具有丰富的农田收获经验。

（2）拖拉机起步前必须观察四周，确认安全后，鸣号起步。

（3）正确选择合理的收获速度。根据土壤类型、湿度、坚实度、种植深度等选择收获速度，匀速行驶。

（4）拖拉机液压手柄应放在适当位置。

（5）收获时驾驶员应全神贯注，随时观察马铃薯收获机的收获质量，如有异常现象发生，应立即停机检查。

（6）马铃薯收获机组在收获时禁止后退。

（7）应在停机切断动力的安全状态下及时清理马铃薯收获机上的秧蔓、杂草和其他壅堵物。

（8）挖掘铲中心线应对准薯行（垄）中心线，以确保不漏挖，不伤薯。

四、不同种植模式的马铃薯收获

马铃薯种植由于地理、气候、品种等条件的不同，形成了不同的种植模式。马铃薯机械化收获要采取不同的措施，以适应各种马铃薯种植模式的收获。

（一）平植马铃薯机械化收获

马铃薯种植区域大部分为丘陵山区，水肥条件较差，多年以来形成了传统的平植模式。平植马铃薯机械化收获难度较大，应注意以下几个方面的操作与调整。

1. 准确对行，接行操作。

马铃薯收获机在平植区收获时，既要准确对行，又要准确接行，以免漏收或重复收获。漏收将造成不必要的收获损失，重复收获则带来机械收获效率的下降，增加收获成本。平植马铃薯对行、接行进行机械化收获难度较大，特别是收获人畜力平植的马铃薯和霜后秧蔓干枯的马铃薯，对行、接行难度更大，这就要求操作人员通过实际操作，认真积累经验，不断提高操作技术水平。

2. 调整圆盘刀，分离收获区域。

马铃薯收获机的圆盘刀，在平植马铃薯收获中，圆盘刀起着重要的作用。圆盘刀将收获土壤与待收获土壤切开，同时也将秧蔓、杂草切断，提高了土壤与马铃薯块茎的输送能力，减少了输送阻力。圆盘刀的调整主要是调整切土深度，应小于挖掘深度。

3.调整分离机构，减少动力损耗。

马铃薯收获机在不同的土壤中收获，动力消耗各不相同，随着地块的转移和土壤类型的变化，要求对马铃薯收获机分离装置进行适当的调整。在沙壤土的耕地上收获，马铃薯块茎与土壤比较容易分离，所以对马铃薯收获机的薯土分离机构要做相应的调整，降低振动频率与振动幅度以及减小筛面倾斜角度。部分马铃薯收获机可以将副筛去掉，减小动力消耗，提高马铃薯收获质量。

4.调整牵引阻力，防止趴窝。

马铃薯平植区的土质多为沙壤土，拖拉机在沙壤土质的耕地上牵引马铃薯收获机进行马铃薯收获，拖拉机驱动轮附着系数较低，极易产生趴窝现象。因此，要做好四个方面的调整。

①在沙壤土地块进行马铃薯收获，马铃薯收获机比较容易入土，所以，对马铃薯收获机的入土角要做出相应的调整，减小入土角，降低马铃薯收获机牵引阻力。

②适当增加拖拉机驱动轮配重，提高拖拉机行走正压力，防止拖拉机趴窝现象发生。

③根据马铃薯收获中负荷变化，合理调整前进速度和油门大小，保持拖拉机匀速行驶。

④更换较大功率的拖拉机。

（二）垄植马铃薯机械化收获

垄植是马铃薯在高水肥种植区域普遍采用的一种高产种植模式。对机械化收获而言，可明显地分辨薯行，具有良好的对行条件。相对平植模式，土壤喂入量较少，约为平植的70%，收获阻力较小。在马铃薯机械化收获时应做好三个方面的调整。

（1）机械收获垄植马铃薯时，要注意拖拉机轮距的调整，使拖拉机轮胎中心和垄沟中心相对应，这样可以有效地避免在收获中损伤待收行的马铃薯，降低伤薯率。

（2）机械收获垄植马铃薯时，要注意收获地块的土质情况，对于沙性土壤的地块，要使薯土分离装置的振动幅度调整到较小状态。对于黏重土壤的地块，要将薯土分离装置的振动幅度调整到较大状态。

（3）机械收获垄植马铃薯时，要注意前进速度和油门大小的合理调整。

（三）地膜种植马铃薯机械化收获

地膜种植马铃薯是一种较新的种植模式，其目的是增加产量，提前上市，增加种植收益。地膜种植马铃薯的机械化收获和垄植马铃薯的机械化收获基本相同，不同的是增加了地膜因素的影响。因此，机械收获地膜种植的马铃薯时要注意几个问题：

（1）由于地膜种植的马铃薯生长期较短，收获期地膜还基本完好，在机械收获中，辅助人员要在马铃薯收获机后面较安全的距离内，跟着捡拾地膜，以免在机械收获中因捡拾地膜不及时被马铃薯收获机运转部位缠绕。如有缠绕现象发生，应立即停机切断动力，及时排除。

（2）在机械收获地膜种植的马铃薯时，由于土质的不同，马铃薯收获机需要根据土质进行适当地调整，以适应不同土质要求。调整方法和垄植马铃薯机械化收获相同。

（3）由于地膜种植的马铃薯收获较早，在收获季节秧蔓还没有干枯。为了不影响马铃薯机械收获效果，秧蔓必须在机械收获前进行处理，主要方法是人工割秧、机械除秧、化学杀秧。

五、地块转移与运输

由于马铃薯种植地块比较分散，种植规模化程度较低，马铃薯机械化收获地块转移也就比较频繁，需按正确的方法进行。操作不当，则会造成马铃薯收获机悬挂机构、机架以及工作部件的损伤，轻者影响马铃薯收获机的正常收获，重者造成人员伤亡。为此，在马铃薯收获机地块转移中应遵循以下原则：

（1）马铃薯收获机组在准备地块转移时，需切断拖拉机动力输出轴的动力，操纵液压手柄，缓慢地将马铃薯收获机提升至运输状态，同时用锁定装置将拖拉机液压悬挂机构锁定在提升位置。

（2）严禁在马铃薯收获机上放置重物，更不允许坐人。

（3）清除马铃薯收获机挖掘铲、分离装置等部件上的秧蔓、地膜、泥土等杂物。

（4）马铃薯收获机组进行地块转移时，要选择道路宽广、路面平整以及桥梁的通过性较好的行驶路线。

（5）马铃薯收获机组转移过程中要注意道路两侧的树木是否阻碍马铃薯收获机组的通过。路面选择要远离沟渠边缘，防止压塌，造成翻车事故。

注意事项

1. 机组操作员和辅助工作人员应密切配合，收获时马铃薯收获机上严禁坐（站）人，闲杂人员等应远离马铃薯收获机组。

2. 机组操作人员不准穿宽松服装，妇女应包好发辫。

3. 万向传动轴与拖拉机、马铃薯收获机的连接必须安装到位，并用锁销固定，以防脱落伤人或损坏马铃薯收获机组。

4. 收获起步时，应注意机组周围是否有人或障碍，做到鸣号起步。

5. 马铃薯收获机组在收获时，驾驶员要随时观察马铃薯收获机状态，如有异常，应立即停机检查。

6. 马铃薯收获机组在收获作业中，严格禁止清理堵塞物或倒车。

7. 马铃薯收获机组操作人员换班时，应将机组技术状态及发生的故障详细告诉接班人员，故障未排除前不得使用。

8. 马铃薯收获机组保养和排除故障时，应切断拖拉机动力输出轴的动力，将马铃薯收获机降至地面。待拖拉机停稳后，在熄火制动状态下进行。若需要在提升状态下保养和排除故障时，要在修理专用地沟内进行。

（6）马铃薯收获机组从田间道路驶上公路时，要严格遵守交通规则，认真观察公路上的来往车辆，确认安全后再驶入公路，严格按照交通规则行驶，防止发生交通事故。

（7）马铃薯收获机组上下坡时，要选好挡位，中途不准换挡。下坡时，严禁空挡滑行。过沟过埂时，应减速慢行，以免损伤马铃薯收获机。

（8）马铃薯收获机组长途运输时，马铃薯收获机必须装在拖车或运输车内运输，最好是马铃薯机组整体运输。

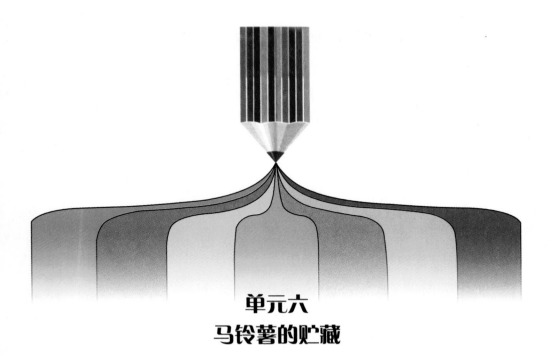

单元六
马铃薯的贮藏

1. 了解马铃薯贮藏的影响因素

2. 选择适宜的贮藏方式

3. 掌握收获和入窖前的管理技术

4. 掌握入窖后的管理技术

一、影响马铃薯贮藏的因素（见图6-1）

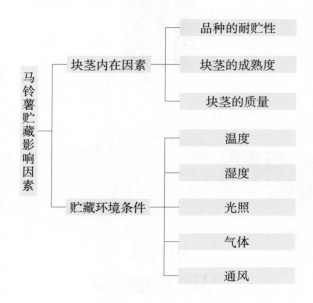

图6-1　影响马铃薯贮藏的因素

（一）块茎内在因素

1. 品种的耐贮性

在同样的贮藏条件下，有的品种耐贮性强，有的品种耐贮性差。早熟的品种休眠期长，在同样条件下发芽慢而晚，晚熟品种则在通常情况下休眠期短，贮藏中易发芽。此外，不同品种因其干物质含量、淀粉含量、还原糖含量等的不同，或本身代谢活性强弱，诸如呼吸强度等的不同，耐贮性也存在着很大的差异。因此，应选择适于当地贮藏条件的耐贮性强的品种进行贮藏。

2. 块茎的成熟度

成熟度好的块茎，表皮木栓化程度高，收获和运输过程中不易擦伤，贮藏期间失水少，不易皱缩。此外，成熟度好的块茎，其内部淀粉等干物质积累充足，大大增强了耐贮性。未成熟的块茎，由于表皮幼嫩，未形成木栓层，收获和运输过程中易受擦伤，为病菌侵入创造了条件。幼嫩块茎含水量高，干物质积累少，缺乏对不良环境的抵抗能力，因此，贮藏过程中易失水皱缩和发生腐烂。

3. 块茎的质量

入窖块茎的质量也是影响贮藏质量的重要因素。收获后的块茎，如果不经晾晒、挑选，将混合于块茎中淋了雨的、受冻的、感病的块茎和泥土一起入窖，就会降低块茎的贮藏质量。块茎带泥土贮藏，会堵塞其间隙，造成通风不良，温度高，湿度大，易发生病害和腐烂。感病的块茎则会直接把大量的病菌接种在薯堆内，成为窖内发病的菌源，受伤块茎的伤口容易被病菌侵入，为病害的扩大蔓延创造了条件。

（二）贮藏环境条件

贮藏环境条件直接影响块茎贮藏期间的生理生化变化，对马铃薯的安全贮藏至关重要。马铃薯块茎由于含有较多的水分，在贮藏期要求一定的温度、湿度和空气条件，如果这些条件不能满足，或者在贮藏期间调节控制不当，一方面会使块茎内部生理生化变化向着不利于贮藏质量提高的方向变化，使块茎发芽、变绿或糖化；另一方面易于病菌的繁殖和侵染，使块茎腐烂，损耗率增加。因此控制好贮藏环境条件，是保证马铃薯贮藏质量的关键。贮藏环境条件主要包括温度、湿度、光照、气体、通风等。

1. 温度

贮藏温度是块茎贮藏寿命的主要影响因素之一，在很大程度上决定马铃薯的贮藏时间和贮藏质量。当马铃薯块茎贮藏在0℃以下的低温条件下，经一定的时间会发生冻害。一般情况下，当环境温度在–1~–3℃时，9小时块茎就冻硬。–5℃时，2小时块茎就受冻，4小时则全部冻透。长期贮藏在接近于0℃的温度条件下，芽的萌发和生长就受到抑制，芽的生长势减弱，同时容易感染低温真菌病害而导致损失，并且会使还原糖含量升高而影响加工品质。如果贮藏环境温度过高，会使薯堆散热，导致烂薯，并且会使休眠期缩短，芽提前萌发。通过休眠后的马铃薯发芽多，芽生长速度快，整个块茎组织会失水皱缩变软，容易引起烂薯。受到机械损伤时，块茎只有在较高的温度下才能使伤口迅速愈合，并形成木栓组织。温度在2~5℃时，需要8天。

10~15℃时，需要2~3天，21~25℃时，则第二天就会形成木栓组织。因此，为了使块茎伤口迅速愈合，在贮藏初期必须把它放置在较高的温度下。根据块茎在贮藏期间的生理生化变化，不同用途的块茎对贮藏温度有不同的要求。种薯贮藏要求的温度较低，最适宜的贮藏温度是2~3℃，商品薯1~4℃，加工用的原料薯为了防止糖化和保证最少的损耗，短期贮藏以10~15℃为宜，长期贮藏以7~8℃为宜。加工前两周再将温度上升至15~20℃，使还原糖逆转为淀粉，以减轻对品质的影响。

2. 湿度

环境湿度是影响马铃薯贮藏的又一重要因素。随着贮藏窖内温度高低和通风条件的变化，窖内的湿度也会发生不同的变化。保持贮藏环境内的适宜湿度，有利于减少块茎失水损耗，以及保持块茎有一定的新鲜度。但是窖内过于潮湿，会导致薯堆上层的块茎潮湿甚至凝结小水滴，也就是马铃薯块茎的"出汗"现象，从而促使块茎在贮藏中后期发芽并长出须根，降低食用薯、加工用原料薯和种薯的品质。此外，湿度过大，还会为一些病原菌和腐生菌的侵染创造条件，导致发病和腐烂。相反，如果贮藏环境过于干燥，虽可减少腐烂，但马铃薯块茎蒸发失水增加，极易导致薯块失水皱缩，同样降低块茎的商品性和种用性。因此，当贮藏温度在1~3℃时，无论是商品薯还是种薯，最适宜的贮藏湿度应为空气相对湿度的85%~90%。马铃薯贮藏温度变化的安全范围为80%~93%。

3. 光照

商品薯、食品加工原料薯的贮藏，应避免见光，直射日光和散射光都能使马铃薯块茎表皮变绿，使有毒物质龙葵素含量增加，降低食用品质和加工品质。因此，作为食用商品薯和食品加工原料薯，应在黑暗无光条件下贮藏。在窖内设置长期照明的电灯灯光也同样会造成表皮变绿，降低食用品质。所以，要设法在贮藏管理上减少电灯的照光时间。但种薯在贮藏期间可以见光，因为块茎在光的作用下表皮变绿有抑制病菌侵染的作用，避免烂薯，也可抑制幼芽的徒长从而形成短壮芽，有利于后代产量的提高。

4. 气体

块茎在贮藏期间要进行呼吸，吸收氧气，放出热量、二氧化碳和水分。

在通气良好的情况下，空气对流，不会引起缺氧和二氧化碳的积累。但是，贮藏窖内如果通气不良，就会引起二氧化碳积累，从而引起块茎缺氧呼吸，这不仅使养分损耗增多，而且还会因缺氧使组织窒息而产生黑心。种薯如果长期贮藏在二氧化碳过多的库内，会影响活力，造成田间缺苗和产量下降。因此，马铃薯块茎在贮藏窖内，必须保证有流通的清洁空气，保证块茎有足够的氧气进行呼吸，同时排除多余的二氧化碳。

5. 通风

马铃薯块茎在贮藏期间的通风，是度过安全贮藏期所要求的重要条件。通风不仅可以降低二氧化碳浓度，有利于薯块伤口木栓层的形成，还可以通过贮藏库空气循环流动，除去热、水、二氧化碳气体，调节贮藏窖内的温度和湿度。二氧化碳浓度主要影响块茎的呼吸作用。二氧化碳浓度过低，块茎呼吸作用比较旺盛，对块茎中的营养物质消耗大，贮藏损失大；二氧化碳浓度高，块茎呼吸作用比较缓慢，对薯块茎中的营养物质消耗小，贮藏损失小，但二氧化碳浓度过高，块茎呼吸作用完全抑制，会导致活力的降低。所以，如果作为种薯贮藏，要注意二氧化碳的浓度，防止缺氧时间过长而使活力降低。因此，应通过改善通风条件。输入清洁和新鲜的空气，保证足够的氧气，使马铃薯块茎进行正常的呼吸。通风可分为自然通风和强制通风。北方采用土棚窖、井窖、窑洞窖、永久式砖窖等简易贮藏设施贮藏块茎时，多用窖门和通气孔来进行通风换气。当块茎大量入窖以后，要长期开放窖门和通气孔，使窖内空气流通，以促使块茎的后熟和表皮木栓化。一般永久式贮藏窖，多设进气孔和出气孔，以调节空气的流通。出气孔与进气孔设置的位置与高度必须合理，否则由于设置不当，会使马铃薯块茎在冬季贮藏过程中遭受冻害。为了降低贮藏窖内的温度和保持适当的湿度，可在温度较低的白天与黑夜进行换气。

二、马铃薯贮藏管理技术

（一）选择适宜的贮藏方式

1. 马铃薯简易贮藏

由于自然条件不同，马铃薯的播种与收获季节不一样，我国南北方在马铃薯收获后的贮藏方式也是多种多样的。在北方地区，马铃薯主要采取地下或半地下式窖等简易设施进行贮藏。在马铃薯集中产区，大型加工企业和种薯企业依据各地的地势、土质、地下水位及建筑材料取材难易和经济状况等，建造棚窖、井窖、窑洞式窖以及砖石结构贮藏式的拱窖。目前，山西、内蒙古、河北马铃薯简易贮藏窖主要有如下几种。

（1）井窖：选择地势高，土质坚实，地下水位低且排水良好的地方，向下挖直筒式坑，井口直径为0.7米，井口下部为1米，深度为3~4米，筒的两侧壁上每隔一定距离挖出个能插进脚深的小洞，作为出入的阶梯。然后在洞底横向挖成窖洞，窖洞的高度为1.8~2米，宽为0.7~1米，其长度可根据贮藏量确定，一般为3米，洞顶为半圆形，窖底向下呈坡形，坡度为1米长向下斜10厘米。

（2）窑洞窖：多在土壤坚实的山坡或土丘旁开门向内挖建，将山丘挖成窑洞状，窑洞高度2.5~3米，顶部挖成拱式半圆形，长度按所需贮藏量而定，一般多为8~10米，宽度一般为5米。这种窑洞式贮藏窖多用砖砌门，一般砌成两道门，通风换气靠打开门扇进行。现在更多的窑洞窖是在住宅附近用砖或石头直接砌成的，窖顶设有通气孔。用井窖或窑窖贮藏马铃薯，每窖可贮3000~3500千克，由于只利用窖口通风调节温度，所以冬季保温效果较好。但入窖初期不易降温，因而马铃薯不能装得太满，一般装到窖内容积的1/2为宜，最多不超过2/3，并注意窖口的开闭。只要管理得当，使窖内温度经常保持在2~4℃，空气相对湿度保持在85%~90%，就能使块茎不发生冻害，也不生芽，达到很好的贮藏效果。

（3）永久式砖窖：城市郊区、机关单位、种子管理部门、马铃薯贩运大户多用这种形式的贮藏窖。其优点是实用耐久，有良好的通风通气设备，便于管理。永久式砖窖的形式很多，常见的有丁字形永久窖和非字形永久窖（见彩图31）。

丁字形永久窖属于小型起拱砖窖，主要材料为砖和水泥或石头和水泥。窖深一般为3~3.5米，起拱跨度为5米。长度20~30米，窖门在地上部，在窖顶设有通气孔调节温湿度。石头砌成的窖较砖窖贮藏效果更好。

非字形永久窖是一种大型地下式永久性贮藏窖。种薯繁殖基地、科研单位适合修建这种窖。除门窗使用木料或钢材外，其建筑材料主要是砖、石、水泥。用砖、石、水泥起拱筑成，坚固耐用。汽车可入窖，卸车方便，节约劳力。这种大窖是由多个起拱小窖连接起来的，中间留有3~4米宽的车道。每个独立小窖的宽度为4~5米，长度为8~12米。每个小窖设有1~2个气眼，以保证通风透气，调节温湿度。

修筑永久式贮藏窖时，严禁修筑水泥地面，也不能用水泥砂浆抹墙面，因水泥地面会隔绝地下输导热，水泥墙面容易出汗滴水，造成窖内湿度过大。简易窖贮藏马铃薯的贮存方式有编织袋或网袋码放，或装箱，或散堆贮藏。

2. 马铃薯现代化贮藏

随着马铃薯加工业的发展，以及种薯产业的壮大，越来越多的马铃薯需要进行贮藏。由于马铃薯生长的季节性较强，而加工业则是周年进行的，因此需要将大量的马铃薯贮藏起来，保证周年供应加工所需要的原料，目前我国在很多马铃薯加工地区，都建立了各种类型的现代化贮藏库。

马铃薯现代化贮藏库（见彩图32），装有制冷设备，应用封闭的通风管道和系统，空气通过冷却管能重复利用。外界新鲜空气能不断地送入以供应充足的氧气。贮藏库内所有多余的热量可以通过冷风机除去，这些热量的来源包括进入贮藏库的马铃薯热、呼吸热、从墙和屋顶及地板进入的外界热、风扇产生的热和空气更新带来的热量等。度过休眠期的马铃薯转入冷库中贮藏，可以很好地控制发芽和失水。贮藏种薯时，还可以通过调节温湿度变化，使种薯处于适宜的生理状态，保证播种后出苗快，出苗健壮。块茎在冷库中可以进行堆藏，也可以装箱码垛。

作为现代化贮藏库，有几个重要的衡量标准，一般要求库体保温保湿效果好，能自动调节温度和湿度，有良好的通风系统，贮藏量较大，应在数千吨至数万吨。根据加工期长短，可将现代化的贮藏库分为临时库、中期库和长期库。针对不同类型的贮藏库，将采用不同的贮藏技术。

（二）进行科学的贮藏管理

1. 收获和入窖前的管理技术

（1）收获前的管理：做好收获前的管理对贮藏质量的提高作用极大。

①选择耐贮性强的品种。由于品种影响马铃薯的休眠期长短和耐贮性。通常早熟品种休眠期长，晚熟品种休眠期短。另外不同品种耐贮性差异较大。因此，应选择耐贮藏的品种进行贮藏。

②做好田间防病。入窖块茎的病斑及烂薯块是贮藏的最大隐患，而病块和烂薯都来自田间。所以生长季节田间防病是减少块茎病斑和烂薯的有效办法，也是贮藏成败的关键之一。一般采用优质脱毒种薯播种，灌溉条件下实行高垄栽培，加强田间管理，合理施肥，增施磷、钾肥，收获前15~20天控制土壤水分，及时防治马铃薯病虫害，促进马铃薯提前成熟，都可保证入窖块茎的质量。

③提前割秧。收获前3~5天割秧，并将秧蔓运出田外，一方面可以使地面暴露于阳光下晾晒，促使块茎薯皮老化，木栓层加厚，减轻收获搬运过程中的破皮受伤，减少病菌的侵染。另一方面避免因植株感病，植株上的病菌孢子在收获过程中进一步侵染块茎。

④适期收获。收获期的确定，对马铃薯窖藏质量影响较大。北方地区一般以不受霜冻为限。马铃薯以营养器官块茎为收获对象，没有明显的成熟期。当马铃薯茎叶枯黄，植株停止生长，块茎中的淀粉、蛋白质、干物质、养分达到最大值，水分含量下降，薯皮粗糙老化，薯块容易脱落，这时为马铃薯的成熟收获期。收获过早，薯块成熟度不够，干物质积累少，既影响产量，又降低耐贮性。另外，块茎成熟度不够，会使薯皮幼嫩易受损伤，不利于贮藏。相反，收获过晚，增加病虫侵染危害的机会，且易受冻害，同样也

会降低耐贮性。

（1）入窖前精选薯块：刚起收的马铃薯块茎，外皮柔嫩，应晾晒数小时，待表皮干燥后再收装。收装时必须把病、烂、破、畸形薯挑选出来，并去掉泥土、石块、杂草、秧子等杂质，一定要选择质量好、没有损伤、成熟的块茎进行贮藏。

（2）预贮：马铃薯入窖前应有一个预贮期，以加速薯皮木栓层的形成，提高薯块的耐贮性和抗病菌能力，并减少其原有的田间块茎热和呼吸热，还可以使伤口充分愈合，使感病薯块症状明显，便于除去。具体方法是将新收获的块茎先堆放在阴凉通风的室内、窖内或荫棚下，保持10~15℃的温度、85%~90%的空气相对湿度，让薯块迅速散发田间热量和蒸发过多的水分，促使伤口愈合。薯堆一般不高于0.5米，宽不超过2米。在堆中适量设置通风管道，以便通风降温，并用草帘遮光。预贮期间要经常检查，剔除病烂薯块。检查时要轻拿轻放，避免机械损伤。经过1~2周后，马铃薯皮变得老化干爽，表皮细胞木栓化，愈伤组织形成，病烂薯块挑选干净，马铃薯即可入窖贮藏。

2. 贮藏窖消毒

马铃薯产区的贮藏窖，使用多年，烂薯、病菌常会残留在窖内，新的薯块入窖初期往往温度高、湿度大，堆放中一旦把病菌带到薯块上就会发病、腐烂，甚至造成烂窖。所以新薯入窖前应把窖打扫干净，并进行消毒处理。贮藏窖消毒的方法很多。用20%的石灰水或15%的硫酸铜溶液或1%甲醛溶液喷洒消毒，或用40%的福尔马林50倍液均匀喷洒窖壁四周消毒，密闭2~3天，通风2天，或用75%百菌清500倍液喷洒窖壁四周，再用百菌清烟雾剂熏蒸消毒，密闭2~3天，通风10~15天，或用百菌清烟剂封闭熏蒸48小时，或用点燃的硫黄粉熏蒸（每立方米10~15克，或250克硫黄粉加500克锯末）24小时，或将石灰撒到地面进行消毒，或以120立方米用500克高锰酸钾对700克甲醛溶液熏蒸消毒，然后再贮存。

3. 合理控制贮藏量

无论用何种方法贮藏，都必须根据窖容量来控制贮藏量。散装贮藏和袋装贮藏这两种贮藏方式对马铃薯的贮藏量有一定的影响，通常散装贮藏较好，贮藏量要比袋装的多，而且贮藏过程的管理也方便。散装贮藏适合靠近加工厂或在加工厂内建立的贮藏库，出库后马铃薯直接上生产线。而袋装贮藏则适合于种薯及需要再次运输的马铃薯贮藏，可减少多次装袋过程中造成的机械损伤。但袋装贮藏往往需要在垛与垛之间留一定的通风道和操作通道，对贮藏库的利用率不能达到100%。

一般说来，每立方米的马铃薯块茎重量为650~750千克。块茎大时，块茎之间的空隙较大，单位容积内的马铃薯重量较轻；块茎小时，空隙较小，单位容积内的马铃薯重量较重。正常情况下，马铃薯的贮藏量不可超过窖容量的2/3。以1/2至2/3为宜，堆藏时应掌握好薯堆高度，过高易发热和压伤。一般食用块茎贮藏，可堆高1.5~1.8米，种薯薯堆高度1米以下，最厚不应超过1.5米。

4. 贮藏温度的控制与调节

贮藏期间温度的控制，应根据整个贮藏期间的气候变化和薯堆的具体情况进行科学的管理。做好温度的调节是做好窖藏管理的关键。简易贮藏条件下，贮藏初期和贮藏后期要防止窖内温度过高，贮藏中期要注意防止温度过低而使薯块受冻。入窖初期，正值外界气温较高，块茎尚处于浅休眠状态，周皮尚未完全木栓化，伤口没有完全愈合，呼吸强度大，放出热量多，薯堆温度高。这一阶段的管理应以降温散热为主，窖口和通气孔应经常打开，尽量通风散热。随着外部温度逐渐降低，窖口和通气孔也应改为白天大开，夜间小开或关闭。如窖温或薯堆温度过高时，也可倒堆散热。在贮藏中期，外界温度下降到一年中最低温度阶段，块茎进入深休眠状态，呼吸微弱，放出热量很少，易受冻害。这一阶段的管理工作主要是防寒保温。对窖温要经常进行检查，要密闭窖门和通气孔，防止外面冷空气进入窖内。当温度降到0~1℃时，应在薯堆上盖草帘防冻，或进行熏烟以提高窖温。贮藏后期，北方地区3~4月，外部温度逐渐增高，块茎已经通过休眠期，窖温升高易造成块茎发芽。这一阶段管理工作的重点是控制窖内低温，防止因外界热空气进入窖内而增高窖内温度，使块茎发芽，降低食用、加工用品质。应紧闭窖门和通气孔，白天避免开窖门。若窖温过高时，可在夜间打开窖门和通气孔，也可倒堆散热。

简易贮藏条件，由于温度的调节是靠窖门和通气孔的通风换气来进行的。原则上要使窖内的温度经常保持在1~4℃。如果是具有现代通风散热设备的冷库贮藏，应自动记录、调控库内温度，经常检测马铃薯薯堆温度、马铃薯发芽情况和库内冷凝水发生的情况。在贮藏过程中应有专业技术人员管理贮藏库，巡视贮藏库的温度变化状况，及时进行调节。薯堆温度应基本上与库温一致。堆温的调节主要通过控制堆高、改善堆内的通气条件来实现。

5. 贮藏湿度的控制与调节

马铃薯在贮藏期间的适宜湿度为83%~93%。在这样的湿度范围内，块茎失水少，不会造成萎蔫，同时也不会因湿度过大而造成块茎腐烂。贮藏初期，由于刚收获的块茎表面湿度大，含水量高，块茎呼吸旺盛，产生较多的水汽，通过薯皮渗透和蒸发，使薯堆内水汽含量增加，使窖内湿度增大。贮藏中后期，随着外界气温的下降，窖内温度也随之下降，这时呼吸产生的水汽向上扩散逸出薯堆，与薯堆表面冷空气相遇，在薯堆上层凝结成小水滴，即所谓的"出汗"，这种现象表明窖内湿度过大，有利于细菌及真菌病害的发生而引起烂窖，也容易缩短块茎的休眠期，使块茎提早发芽。因此，应及时倒堆，通风散湿。

与温度控制和调节相似，在简易贮藏条件下，窖内湿度的调节，也主要是通过窖门、通气孔通气的办法来进行的。也可应用覆盖散湿的方法减湿。具体做法是：块茎入窖后，窖温降低时在薯堆顶部覆盖一层干草或麻袋片等，缓和上下冷热空气的结合，吸收马铃薯堆内放出的潮气，散发水分，可防止上层块茎霉烂，同时又可以防冻。

6. 控制光照

马铃薯贮藏中应尽量避免见光，否则会使薯皮变绿而降低商品性和食用价值。对于种薯，则应经常接受散射光的照射，以减少发病。此外，在种薯发芽后更要对其增加光照，可避免幼芽生长细弱，使其长得粗壮。对萌芽过早的块茎，要通过见光来抑制芽的生长。

7. 通风换气

具有现代化贮藏设备的冷库贮藏条件下，在贮藏初期，刚入窖的薯块温度较高、湿度大，薯皮蒸发水汽量大，引起薯堆内水汽量增高，利用通风换气设施及空气对流，将库内过多的水汽带走，使贮藏库内马铃薯的温度和湿度不断降低，直至达到平衡。在贮藏过程中，马铃薯呼出的二氧化碳必须通过通风换气设备及时排出，使新鲜空气进入薯堆，以保持块茎的正常生理活动。贮藏库内二氧化碳过多，不仅影响薯块的贮藏品质，引起黑心和降低种薯的发芽率，而且对人员进库检查也不安全。

8. 倒堆翻窖

在北方地区窖藏至第二年三月以后，应根据窖内温度和薯块出芽情况，及时进行倒堆翻窖处理，剔除腐烂薯块，长芽的应掰掉薯芽，然后清扫薯窖，再窖藏。

参考文献

［1］孙慧生.马铃薯育种学［M］.北京：中国农业出版社，2003.

［2］李荫藩，梁秀芝，王春珍，等.山西省马铃薯产业现状及发展对策［A］.马铃薯产业与粮食安全，2009.

［3］秦玉芝，邢铮，邹剑锋，何长征，等 持续弱光胁迫对马铃薯苗期生长和光合特性的影响［J］.中国农业科学，2014，3:537-545.

［4］宋树慧，何梦麟，任少勇，肖强，等. 不同前茬对马铃薯产量、品质和病害发生的影响［J］.作物杂志，2014，02:123-126.

［5］鲍士旦.土壤农化分析［M］.北京：中国农业出版社，2008.

［6］段玉，张君，李焕春，等.马铃薯氮磷钾养分吸收规律及施肥肥效的研究［J］.土壤，2014，46（2）:212-217.

［7］吕彦彬，金亚征.生物有机肥对马铃薯产量及淀粉含量的影响［J］.作物杂志，2009，1:40-41.

［8］张静，蒙美莲，王颖慧，等.氮磷钾施用量对马铃薯产量及品质的影响［J］.作物杂志，2012，4:124-127.

［9］陈永波，赵清华，袁明山，等.微量元素缺乏与过量对脱毒马铃薯苗生长的影响［J］.中国马铃薯，2005，1:10-12.

［10］张耀文，刑亚静，崔春香，李荫藩，等.山西小杂粮［M］.太原：山西科学技术出版社，2006.

［11］陈永波，李卫东，赵清华，钟刚琼，等.营养元素的缺乏与过量对马铃薯脱毒苗生长的影响［J］.中国马铃薯，2004，5:260-263.

［12］鄢铮，王正荣，林怀礼，王丹红 覆盖方式对马铃薯光合特性和产量的影响［J］.云南农业大学学报，2014，29（3）:359-364.

［13］王秋红，邓淑珍，李英，等.早春马铃薯套种玉米高产高效栽培技术［J］.现代农业科技，2009，17:81.

［14］刘宝玉，蒙美莲，胡俊，等.5种杀菌剂对马铃薯黑痣病的病菌毒力及田间防效［J］.中国马铃薯，2010，24（5）:306.

［15］张炳炎马铃薯病虫害及防治原色图册［M］.北京：金盾出版社，2010.

［16］李芝芳中国马铃薯主要病毒图谱［M］.北京：中国农业出版社，2004.

［17］张秋燕，张福平.马铃薯品种的营养成分分析［J］.中国食物与营养，2010，6:75-77.

［18］杨光辉.马铃薯环腐病的特征及综合防治［J］.山西农业科学，2010，7:140-141.

［20］杨春，杜珍，齐海英，等.马铃薯黑痣病防控研究［J］.现代农业科技，2014，13:119-121.

［21］郭赵娟，吴焕章.彩色马铃薯营养价值与主要品种［J］.现代农业科技，2008，17:107-109.

［22］谢庆华，李月秀，李智，等.特色马铃薯色素抗肿瘤活性［J］.中国马铃薯，2004，18（4）:213-214.

［23］曾钰婷.拉萨市紫色马铃薯黑金刚高产栽培技术［J］.现代农业科技，2014，10：102.

［24］侯丽娟，李雪英，丛晓飞，等.马铃薯—鲜食糯玉米高产高效栽培技术［J］.农业科技通讯，2010，6:130-132.

［25］包丽仙，李山云，杨琼芬，等.引进彩色马铃薯资源的农艺性状及块茎性状评价［J］.西南农业学报，2012，25（4）:1187-1192.

［26］刘富强，张智芳，云庭，杨海鹰W，等.旱地地膜覆盖对马铃薯生物产量及商品薯率的影响［J］.内蒙古农业科技，2009，3:20-21.